给孩子看的趣味数学

(俄罗斯)雅科夫·伊西达洛维奇·别莱利曼◎著

李园莉 赵会芳◎译著

中国华侨出版社

北 京

译者序

本书的作者雅科夫·伊西达洛维奇·别莱利曼（1882—1942）是俄罗斯（苏联时期）杰出的数学家和物理学家，兼记者、教育工作者、精密科学的科普者等多重身份。他一生著作颇丰，发表1000多篇文章、出版47本科学普及书籍、40本科学启蒙书籍、18本中小学教材等。据统计，雅科夫·伊西达洛维奇·别莱利曼的著作不仅受到俄罗斯国内读者的喜爱，还被翻译成多种语言，在18个国家多次出版发行。

值得一提的是，作为著名的科普作家，雅科夫·伊西达洛维奇·别莱利曼开创了趣味科学领域，毕生致力于用通俗有趣的方式向人们介绍科学的魅力。该领域的书籍有《快乐题目》《趣味科学全集》《趣味物理学》《趣味天文学》等。

《给孩子看的趣味数学》是雅科夫·伊西达洛维奇·别莱利曼最受读者喜爱的著作之一，书中收录了丰富多样、生动有趣的数学题目。本书一共分为11个章节，前半部分内容主要介绍了我们日常生活和游戏中涉及的数学，后半部分则覆盖了统计、测量、几何等知识。作者寓教于乐，以小故事的形式向读者介绍数学，引导读者分析解决问题，有利于培养读者的学习兴趣并激发他们潜在的思考力。

本书的适用对象包括在中小学学习的儿童、青少年以及希望在闲暇之余进行益智娱乐的成年人。

　　阅读本书，您将会发现，数学不仅是学校里一门抽象的学科，而且也是与我们日常生活密不可分的一部分。它有益有趣，可以让我们的生活变得更加简单和美好。希望本书可以帮您体验到数学王国的无限乐趣。

目录

Contents

第一章

早餐时间的益智游戏

1. 林中草地上的松鼠

有一个人正在吃早饭，他说，"你们知道吗？在咱们这儿的树林里有一片圆形的草地，草地中间有一棵白桦树。在这棵树后面，藏着一只小松鼠，它躲着我。我刚从密林里走到草地上，就看到了这只松鼠的脸，它那活泼的眼睛从树干后面一动不动地注视着我。我没有靠近它，只是小心翼翼地绕着草地的边缘走，以便好好观察这只小动物。我围着树绕了四圈，但这个小滑头却绕着树干往和我相反的方向退，以至于我只能看到它的小脸儿。所以最后我也没能绕着这只松鼠走一圈。"

"但是，您刚才自己说的，您围着树走了四圈呀！"有人反驳道。

"我是围着树走了四圈呀，但是没有围着松鼠走！"

"可松鼠是在树上的呀？"

"这能说明什么呢？"

"说明您也是围着松鼠转的。"

"一次都没看到过松鼠的后背，也叫围着它转？"

"这和后背有什么关系呀？松鼠在草丛中间，而您是围着草丛转圈，这就等于，您是围着松鼠转圈的。"

"这什么也不等于。您想象一下，我围着您转圈，而您一直面对着我，我看不到您的后背。难道您认为这样就是我在围着您转圈吗？"

"我当然这样认为了。不然呢？"

"即使我一次也没有处于您的后方，一次也没看到您的背部，也叫围着您转圈？"

"您怎么总是想着后背！事情的本质在于您围着我转了一个圈，而不在于您是否看到我的后背！"

"那围着某个东西转圈是什么意思呢？我认为，围着某个东西转圈只有一种解释，那就是'依次停留在一个位置，以便能够从各个角度看到某个物品'。这是对的吧，教授？"辩论者看着坐在桌子旁边的一位老人说。

"您实质上只是在做文字上的争论，"学者回答道，"在这种情况下通常应该从您引入的话题来开始分析，即先要在对词语的理解上达成一致看法。怎么理解'围绕物体转圈'这个词呢？它可以有双重含义。首先可以理解为沿着内部放有物品的封闭曲线进行的移动，这是一种理解。另外一种就是：以从各个方向观察物体为目的而进行的运动。如果依据第一种观点的话，您应当承认，您围着松鼠转了四圈。如果遵循第二种理解，那就意味着您根本没有围着松鼠绕圈。您看，如果双方用相同的语言表达，用同样的方式去理解这些词的含义，就不会再有争论的理由了。"

"很棒，双重理解可以解释得过去。但哪种理解更正确呢？"

"没有必要提这样的问题，因为可以就任意一种观点达成共识。相比之下，更恰当的提问是，大众更倾向于哪种理解。我个人觉得，第一种理解更加符合语言特征，这也是为什么我会持有上述观点。众所周知，太阳绕着自转轴旋转一周需要 26 天的时间……"

"太阳自转吗？"

"当然，就像地球一样绕着自转轴旋转。您想象一下，如果太阳的旋转速度慢点，不是 26 天，而是 365 天，也就是 1 年，那太阳朝向地球的将永远都是同一侧；我们将永远无法看到相反的那一侧，也就是太阳的'背部'。难道有人会因为这个问题，就认为地球不是围绕着太阳旋转的吗？"

"现在明白了，我还是围着松鼠转圈了。"

"同志们，请留步，我有个提议，"一个人听完前面两位的争论说，"既然没有人愿意在下雨天去散步，很明显，雨一时半会儿也停不下来，那我们就在这里相互出题来打发时间吧。已经有开头了，现在每人轮流出一个题目。您是教授，也就是我们最高的裁判了。"

"如果题目里涉及代数或者几何的话，我就不用参加了。"一位年轻女士说。

"我也是。"另外一位随声附和。

"不，不，所有人都应该参加！我们请求在座的各位出题时不要引入代数或者几何，只用一些最基本的知识。这样还有异议吗？"

"那我同意加入，我出第一道题。"

"好的，我们也加入！"从四周传来大家的声音。

"那开始吧。"

2. 在公共厨房里

"我出的这个难题发生在公共住宅里，算是很常规的题目了。一位女住户，为了方便，我就称她为三吉娜（音译：特洛伊基娜），在公共的炉灶里填了 3 块劈柴，另一位女住户五吉娜（音译：皮特尔基娜）放了 5 块劈柴。而一位名叫无燃料的男住户（音译：贝斯托普利夫内），你们应该已经猜到了，没有自己的劈柴。两位女住户同意无燃料在公用的灶火上做饭，作为补偿，无燃料给了两位女邻居 8 卢布。那她们应该怎样分配这些钱呢？"

"平均分，无燃料使用她俩的柴火数量是相同的。"一人抢答道。

"不是，"有人反驳道，"应该把两位女住户对烧火的劈柴的贡献量也考虑进去。谁给 3 块劈柴，谁就应该得到 3 卢布，那个给 5 块劈柴的当然应该得到 5 卢布。这才是公平的分摊。"

"同志们，"那位首先想出这个游戏，并被公认为会议主持人的人说道，"咱们暂时先不公布这个难题的最终解决方案，每个人可以再好好思考一下。评判人将会在吃晚饭的时候给大家公布答案。下面该您出题了，少先队员同志！"

3. 学校小组的工作

少先队员说道："在我们学校里有 5 个学习小组，分别是政治小组、军事小组、摄影小组、象棋小组及合唱小组。政治小组每隔 1 天学习一次，军事小组每隔 2 天学习一次，摄影小组每隔 3 天学习一次，象棋小组每隔 4 天学习一次，合唱小组每隔 5 天学习一次。1 月 1 日 5 个小组同时来到学校学习，之后每个小组都按照各自的计划组织学习活动，不会出现活动取消的情况。那么，在第一季度会发生几次 5 个小组同时聚在学校学习的情况？"

"是平年还是闰年？"人们向少先队员询问道。

"平年。"

"也就是说，第一季度包括 1 月、2 月、3 月，一共是 90 天？"

"是这样。"

"请允许我针对您出的题目再加一个问题，"教授说道，"在该年的第一季度又有多少次 5 个小组同时不在学校学习的情况？"

"啊哈，我明白啦！"有人高声喊道，"这是道有陷阱的题。既不会有 5 个小组同时出现在学校的情况，也不会有 5 个小组同时不在学校的情况。这已经很明显了！"

"为什么？"主持人问道。

"我解释不了，但能感觉到，出题人想要故意难住答题人。"

"好吧，不过这不是依据。今天晚上就会知道您的预感是否正确。同志，该您出题了！"

4. 谁数得更多

"两个人数 1 小时之内人行道上的行人数量。其中一人站在家门口数，另外一个人在人行道上来回走着数。谁会数到更多的行人？"

"当然是走着路能数到更多的人。"坐在桌子一头的人说。

"答案在晚饭时间揭晓，"主持人说道，"下一位。"

5. 爷爷和孙子

"我要说的事情发生在 1932 年。当时我的年龄和我出生年份的最后两位数字相同。我把这些告诉爷爷后，他对我说，他的年龄也和他出生年份的最后两位数字相同。当时觉得很不可思议……"

"很明显，这是不可能的。"有人说道。

"请设想一下，一切皆有可能！爷爷已经向我证实了。请问我们当时分别是多少岁？"

6. 火车票

"我是火车票售票员，工作就是卖票，"一位女性游戏参与者说，"许多人认为，这是一项非常简单的工作。人们可能无法相信，哪怕一个小火车站的售票员都要处理大量的车票。因为必须保证乘客可以买到从这个站到这条铁路上的任意一个车站的票，并且这个方向还是双向的。我在有 25 个站点的铁路上工作。那么请问铁路部门总共要为这 25 个车站上的售票口制作多少种车票？"

"轮到您了，飞行员同志。"主持人说道。

7. 飞艇的飞行

"一架飞艇由列宁格勒向北方直飞。在向北飞了 500 千米之后它转向东边。在向东的方向飞了 500 千米后又转向南边飞了 500 千米。之后飞艇转向西边，朝这个方向飞了 500 千米后着落到地面上。那么，飞艇着陆的位置在列宁格勒的哪个方位呢？在西边、东边、北边还是南边？"

"即使头脑简单的人也能想出来，"有人说，"向前 500 步，然后向右 500 步，再向后 500 步，最后向左走 500 步，我们会在哪儿？肯定是从哪里出发的，还回到哪里去！"

"那么，您认为，飞艇会降落在哪个位置？"

"降落在它起飞的列宁格勒机场，难道不是吗？"

"不是。"

"那我就完全不能理解了。"

"这里确实有些问题，"旁边的人插话道，"飞艇难道不是在列宁格勒着陆？可以再说一遍这个题目吗？"

飞行员很乐意地答应了请求，人们都认真地听着他的复述，并用不解的眼神互相看着对方。

"好了,"主持人宣布,"晚饭前我们有时间好好思考这个问题,现在我们往下继续。"

8. 影子

下一位出题者说:"请允许我用刚才的那个飞艇出题:飞艇和它的影子哪个更长?"

"这就是全部的题目了吗?"

"是的。"

"当然是影子更长。因为太阳的光线是呈放射状照到地面上的。"有人随口说出答案。

"我认为,"一人反驳道,"恰恰相反,太阳光是平行的,所以影子和飞艇本身一样长。"

"什么?难道你们没有看到过从云朵后面射出来的太阳光线吗?这时候就可以亲眼看到,太阳光线有多么分散。飞艇的影子应该比飞艇本身长很多,正如云朵的阴影要比云朵大很多一样。"

"为什么人们通常认为太阳光是平行的呢?水手、天文学家……所有人都这样认为。"

主持人没有让讨论继续进行,而是让下一位出题。

9. 和火柴有关的题目

接下来的这位发言人把火柴盒里的全部火柴都撒到桌子上,并把它们分成3小撮。

"您这是准备烧篝火吗?"一位听众开玩笑说。

"在准备和火柴有关的题目，"出题人说，"这是 3 堆数量不均等的火柴，一共是 48 根。我不告诉你们每堆里面具体有几根火柴。但是提供以下线索：如果我从第一堆火柴里取出和第二堆同等数量的火柴放入第二堆里，然后从第二堆里拿出和第三堆数量相等的火柴放入第三堆里，最后再从第三堆火柴里取出和目前第一堆数量相同的火柴放入第一堆里，那么此时三堆火柴的数量是相同的。请问每堆火柴的原始数量是多少呢？"

10. 阴险的树桩

坐在前一个出题人旁边的人开始发言："这个题目和很早以前一位乡村数学家给我出的题有点相似。这是个完整的小故事，相当有趣。故事讲的是一个农民在森林里遇到一个不认识的老头，然后他们就开始聊天。老头很认真地打量着农民，说：

"'我知道这片森林里有一个特别神奇的树墩，它能对经济困难的人提供很大帮助。'

"'什么帮助？给人看病吗？'

"'治病是不治的，倒是可以把钱翻倍。把钱包放在树墩下面，然后数到 100，钱包里的钱就会增加一倍。这真是一个神奇的树桩！'

"'我真想试试了。'农民满脸憧憬地说道。

"'可以试试，为什么不呢？只需要付点钱就可以的。'

"'付谁钱？要付很多吗？'

"'付钱给你带路的那个人，也就是我。至于多少，那就得另外商量一下了。'

"于是两人就开始了讨价还价。在得知农民钱包里并没有多少钱之后，老头同意在农民的钱每次翻倍后收取 1 卢布 20 戈比。两人就此达成一致意见。

"老头领着农民走进森林深处，在那里来回走了很久，最后终于在树丛里找到了一个枯朽的布满青苔的云杉树墩。老头从农民手里接过钱包，然后把它塞入树根之间的缝隙里。两人数到 100 后，老头开始在树墩底部一阵摸索忙活，最后终于把钱包拿了出来并还给农民。

"农民看了眼钱包，里面的钱真的多了 1 倍！农民按照之前的约定，数出 1 卢布 20 戈比送给了老头，并请求老头再次把钱包放到这个神奇的树墩下面。

"他们再次数到 100，老头再次在树墩周围的树丛里忙活，奇迹又出现了，钱包里的钱又多了 1 倍。

"老头再次得到了从农民的钱包里取出来的 1 卢布 20 戈比。

"他们第三次把钱包藏到树墩下后，钱包里的钱又翻了 1 倍。但是当农民给老头付完约定好的酬劳后，却发现钱包里 1 戈比也没有了。

"这个可怜的人在这场阴谋里失去了所有的钱，再也没有钱用来翻倍了，农民沮丧地走出了森林。

"想必各位已经明白了这里金钱能够翻倍的秘密：老头从树墩下取钱包时是故意在草丛里磨蹭的。你们是否可以回答另外一个问题：在开始这个倒霉的尝试之前，农民的钱包里共有多少钱？"

11. 与 12 月有关的题目

"同志们，我是语言学家，我的研究领域和数学不沾边，"一位上了年纪的人开始说道，"所以你们不要期待我出和数学有关的题目。我只能从我熟悉的领域来提问题。可以允许我出道和日历有关的题目吗？"

"请！"

"我们把一年中的第 12 个月叫作'декабрь'。那你们是否知道'декабрь'这个词本身是什么意思呢？这个词来源于希腊单词'дека（十）'，此外，和它同根的词还有'декалитр（十升）'和'декада（10 天）'等。这样一来，12 月'декабрь'这个单词表示的是'第 10 个'。怎么解释这种情况呢，为什么用'第 10 个'表示第 12 个月呢？

"那，现在还剩下一道题目。"主持人说道。

12. 算术戏法

"我是最后一位，即第 12 位发言的。为了避免出现与前面相似的题目，我向大家展示一种算术戏法，希望大家可以找到其中的奥秘。你们中的某一位，那就主持人您吧，写下任意一个三位数，别让我看到。"

"这个数字里可以有 0 吗？"

"没有任何限制。写下你任意想写的三位数。"

"写完了，然后呢？"

"紧接着他再写一遍这个数字。当然，此时您会得到一个六位数。"

"是的，六位数。"

"把这张纸递给离我稍微远一点的邻座，让他用这个数字除以 7。"

"除以 7，说得倒容易！也有可能除不尽吧。"

"不用担心，会除尽的。"

"您先除，然后我们再接着说。"

"托您的福，已经整除了。"

"不用把结果告诉我，请把它转交给您的邻座。邻座用得出来的数字除以 11。"

"您认为，还是可以幸运地整除吗？"

"是的，不会有余数的。"

"真的是没有余数！然后呢？"

"把得出来的结果传给下一位，用它除以……除以 13 吧。"

"这个选的不太好吧。很少有数字能够被 13 整除……不对，整除了！您幸运啊！"

"请把写有结果的这张纸给我。请将它折叠一下，以免我看到里面的数字。不要展开纸，现在请'魔术师'把它递给主持人。"

"得到的这个数字正是您之前想出来的，对吗？"

主持人看着纸，惊奇地说道："完全正确！""这正是我刚才想的数字……"然后他接着说，"现在所有人已经发完言了，那咱们就结束会议吧。很幸运，雨已经停了。今晚晚饭结束后会揭晓所有的谜底。大家可以把写有答案的纸条交给我。"

1~12 题答案

1. 和林间空地上松鼠有关的题目我们在前面已经解答完了，现在开始看下面的。

2. 不能像多数人一样，认为男住户因参与使用了 8 块劈柴而支付 8 卢布，每块劈柴对应 1 卢布。这些钱实际上相当于是支付给 8 块劈柴的三分之一部分的，因为三人对这些火的使用量是相同的。由此可以得出，所有的 8 块劈柴可以等价为 8×3，即 24 卢布，所以每块劈柴的价格就等于 3 卢布。

现在就比较容易计算出，每位女住户可以分多少钱。因为五吉娜贡献了 5 块劈柴，所以她理应拿 15 卢布，但因为她自己也使用了灶火，抵销了 8 卢布，所以她可以拿到 15-8，也就是 7 卢布。三吉娜贡献了 3 块劈柴，理应拿 9 卢布，减掉她因使用灶火而消耗的 8 卢布，所以她可以得到 9-8，即 1 卢布。

因此，公平正确的分摊方法是五吉娜得到 7 卢布，三吉娜得到 1 卢布。

3. 对于第一个问题，即再过多久后 5 个学习小组同时在学校学习，如果我们能够找到能被 2、3、4、5 和 6 这几个数字整除的最小数字，那么就很容易解答了。很容易想到，这个数字是 60。也就是说，在第 61 天 5 个小组就会同时聚在学校，其中政治小组是第 30 次学习，军事小组是第 20 次学习，摄影小组是第 15 次学习，象棋小组是第 12 次学习，合唱小组是第 10 次学习。不会发生在 60 天之内 5 个小组同时聚集在学校的情况。下一次 5 个小组重聚校园的时间是 60 天之后，也就是第二个季度了。

这样一来，在第一季度只有 1 个晚上 5 个小组会再次同时聚到学校学习。

第二个问题"有几个晚上 5 个小组同时不在学校学习"比较复杂一点。要找到 5 个小组同时不在学校学习的日子，就需要按顺序写下 1~90 之间所有的数字，并需要标出政治小组学习的日子，即 1、3、5、7、9 等，然后标出军事小组学习的日子，即 4、10 等，再分别标出摄影小组、象棋小组和合唱小组学习的日子。最后剩下的这些没被标记的数字就是 5 个小组同时不在学校的日子。

做完这些的人会确信，在第一季度 5 个小组同时不在学校的晚上还是挺多的，共有 24 个。在 1 月份有 8 个，也就是 2 号、8 号、12 号、14 号、20 号、24 号和 30 号。2 月份有 7 个，3 月份有 9 个。

4. 他们两人数到的行人一样多。在家门口的人可以数到来往两个方向的行人，而在马路上来回走的人可以看到两倍的迎面走来的行人。

5. 乍一看，可能真的会觉得，这个题目有问题的，因为看起来好像孙子和爷爷的年龄是一样的。接下来我们会发现，其实题目的条件是很容易被满足的。

很明显，孙子是出生在 20 世纪。因此他出生年份的前两个数字是 19，这是百位和千位上的数字。后面的两个数字自己和自己相加应该等于 32。所以这个数字是 16，即孙子的出生年份是 1916，1932 年的时候他 16 岁。

他的爷爷当然是出生在 19 世纪，他出生年份的前两个数字应该是 18。出生年份的后两个数字的 2 倍应该等于 132，所以这个数字等于 132 的二分之一，即 66。爷爷出生在 1866 年，他现在 66 岁。

这样一来，孙子和爷爷在 1932 年的年龄都是他们出生年份的后两位数字。

6. 25 个车站中的乘客有可能需要到各个车站，即其余 24 个站点的车票，这就意味着一共需要打印 25×24=600 种类的车票。

7. 这个题目自身没有任何矛盾。不要理所当然地认为飞艇是沿着正方形的四条边飞行，应该考虑地球是球形的这个因素。在北半球地球上经线之间的距离越往北越小（图 1-1），因此，沿着列宁格勒以北 500 千米处的纬度圈飞行 500 千米后，飞艇向东偏离的角度，要大于返回后重新回到列宁格勒所在的纬线上的角度。所以飞艇结束飞行后应该落在列宁格勒的东边。

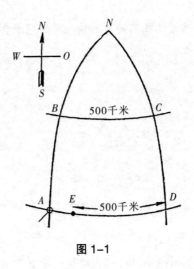

图 1-1

到底是偏东多少呢？这个是可以计算出来的。在图 1-1 中您可以看到飞艇的飞行路线 ABCDE。点 N 表示北极点，经线 AB 和 CD 在这一点相交。飞机首先向北飞行 500 千米，也就是沿着经线 AN。因为每维度的经线长是 111 千米，那么 500 千米长的经线弧度有 500∶111= 4.5°。列宁格勒位于北纬 60°，也

就是说点 B 位于北纬 $60°+4.5°=64.5°$ 上。然后飞艇向东，即沿着纬线 BC 飞行，飞行距离为 500 千米。该纬线上每度的长度可以计算出来（或者在表格里查到）是 48 千米。由此很容易得出飞艇向北飞了多少度：$500:48=10.4°$。之后飞机又向南，即沿着经线 CD 飞行 500 米，然后重新回到列宁格勒所在的纬线上。现在飞艇向西飞行，即沿着 AD。

很明显，AD 间的距离大于 500 千米。AD 之间的度数和 BC 之间的度数相等，都是 $10.4°$。北纬 $60°$ 上 $1°$ 的长度是 55.5 千米，那 AD 之间的距离等于 $55.5×10.4=577.2$ 千米。所以我们可以看到，飞艇没有降落在列宁格勒，而是降落在距离列宁格勒 77 千米处的拉多加湖上。

8. 大家在讨论这道题目的时候犯了一些错误。首先，照射到地球上的太阳光线分散得很明显，这是不正确的。地球相对于它和太阳之间的距离来说是很小的，照射到地球表面的太阳光线是以难以察觉的角度散开的，实际上可以认为这些光线是平行的。那么，我们有时候看到的呈扇形分散的太阳光（所谓的"佛光"）只不过是透视的结果。

在透视中平行的光线看起来是向一起聚集的，可以想象一下向远处延伸的铁轨或者长长的林荫道。

然而，虽然太阳光线是平行地落在地球上，但这并不意味着飞艇影子长度和飞艇本身的长度相等。通过图 1-2 您可以看出，飞艇在空间里的本影会随着它和地面距离的减短而缩小，所以飞艇投到地球表面的影子应比飞艇本身的长度短，即 CD 短于 AB。

如果知道飞艇的高度，那么就可以计算出飞艇影子和飞艇本身长度的差。

假设飞艇在距离地球表面 1000 米的高度飞行，那 AC 和 BD 之间的角度就等于从地球望向太阳的角度。这个角度是已知的，大约 $0.5°$。另外，以 $0.5°$ 的角度看到的任意一个物品和观察者眼睛之间的距离为 115 个该物品的直径（横截面长度）。这就意味着线段 MN（这条线段是从地球上以 0.5° 的角度看出来的）应该是 1/115 的 AC。AC 的长度大于 A 到地面的垂直距离。如果太阳光线和地球表面的角度是 45°，那么 AC（飞艇在 1000 米高度的情况下）就约等于 1400 米，因此得出线段 MN 等于 1400：115＝12 米。

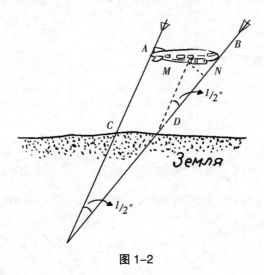

图 1-2

因为角 MBD 几乎等于 45°，所以飞艇本身比影子长出来的部分，也就是线段 MB，长于线段 MN，是 MN 的 1.4 倍。由此可以得出，MB 等于 12×1.4，约等于 17 米。

以上所说的都是指飞艇的清晰的黑色的本影，不涉及所谓的模糊的半影。

顺便说一句，我们的计算表明，如果把飞艇换成一个直径小于 17 米的气球，那它将不可能投下本影，而只能看到它模糊的半影。

9. 这道题可以倒着推理。我们先从摆放后的每堆火柴的个数相等着手，因为摆放后这些火柴的总数是不变的（48），所以最后每堆里面有 16 根火柴。

第1堆	第2堆	第3堆
16	16	16

题目里提到在第1堆里加了和第1堆数量相等的火柴，也就是说，第1堆里火柴数量翻了1倍。那么在最后一次摆放火柴之前第1堆里面有8根火柴。也可以得出从第3堆里拿出了8根火柴，那么第3堆里火柴数量就是16+8=24根。

现在咱们得出下面的结果：

第1堆	第2堆	第3堆
8	16	24

已知，在此之前才从第2堆里取出来了和第3堆数量相同的火柴放到了第3堆里，那么，24就等于第3堆原有火柴数量的2倍。由此我们可以得出第一次摆放后每堆火柴的数量：

第1堆	第2堆	第3堆
8	16+12=28	12

不难看出，在第一次摆放之前（从第一堆里拿出和第二堆数量相等的火柴放到第二堆里之前），火柴的分配如下：

第1堆	第2堆	第3堆
22	14	12

10. 这道题目同样是由后向前倒着推论更容易解决。我们已知，钱包里的

钱在第 3 次翻倍后只剩下 1 卢布 20 戈比（这是老头最后一次拿到的钱）。那在这次翻倍之前有多少钱呢？当然是 60 戈比，也就是说在第二次付给老头 1 卢布 20 戈比后还剩下 60 戈比，在第二次支付之前钱包里还有 1 卢布 20 戈比 +60 戈比 =1 卢布 80 戈比。

然后，1 卢布 80 戈比是第二次翻倍之后的钱，在第二次翻倍之前，第一次付给老头 1 卢布 20 戈比之后钱包里一共有 90 戈比。由此可以得出，在第一次付给老头酬劳之前钱包里的钱共有 90 戈比 +1 卢布 20 戈比 =2 卢布 10 戈比。这是钱包里的钱在第一次翻倍之后的数目，之前的钱是这个数目的一半，也就是 1 卢布 5 戈比。这就是农民在进行失败的交易之前所拥有的钱。

我们检验答案：

钱包里的钱

在第 1 次翻倍之后 =1 卢布 5 戈比 ×2=2 卢布 10 戈比

→第 1 次付酬劳后 =2 卢布 10 戈比 −1 卢布 20 戈比 =90 戈比

→第 2 次翻倍后 =90 戈比 ×2=1 卢布 80 戈比

→第 2 次付酬劳后 =1 卢布 80 戈比 −1 卢布 20 戈比 =60 戈比

→第 3 次翻倍后 =60 戈比 ×2=1 卢布 20 戈比

→第 3 次付酬劳后 =1 卢布 20 戈比 −1 卢布 20 戈比 =0

11. 我们的日历是由古代的罗马日历发展而来。（恺撒之前的）罗马人认为 3 月 1 号是每年的开始，而不是现在的 1 月 1 号。相应的，那时的 12 月就是第 10 个月。后来人们把 1 月 1 日作为每年的开始，但是却没有改变月份的名字，所以出现了现在的几个月份名称和序号不对等的情况：

月份的名称	名称的含义	序号
九月	第七	9
十月	第八	10
十一月	第九	11
十二月	第十	12

12. 我们来看下对这个数字都做了哪些处理。首先是在它后面接着写了一遍这个三位数，这就等同于在这个 3 位数后面添上 3 个 0，然后再加上这个三位数。如：

$$872\ 872=872\ 000+872$$

现在可以看出怎么回事了吧：首先把这个数字扩大 1000 倍，然后再加上它本身，简言之，就是把这个数字和 1001 相乘。

然后对这个得出来的积是怎么处理的呢？依次用它除以 7、11 和 13。归根结底就等于用它除以 $7\times11\times13$，也就是 1001。

这样一来，随便想出来的数字先和 1001 相乘，然后再除以 1001。所以运算后得到最初的数字就不足为奇了。

＊ ＊ ＊

在结束这一章节之前，我再讲 3 个数学小魔术，以供您闲暇时和朋友消遣。其中的两个魔术是猜数字，另外一个是找物品的主人。

也许，这是比较老的题目，可能是您已经知道的，但未必所有人都知道它们的原理。不了解魔术的理论基础就无法自信从容地完成它。解决前两个题目需要大家谨慎而积极地运用基础的代数知识。

13. 被涂掉的一个数字

让您身边的朋友想出来一个多位数，如847。让他计算出这个数各个数位上的数字之和（8+4+7=19），然后再用这个多位数减去上一步所得之和，如下面这个式子：

$$847-19=828$$

让他涂掉所得结果中的一个数字，任意一个都可以，然后把剩下的两个数字告诉您。虽然您不知道他之前想出来的数字是什么，但也能很快说出被涂掉的那个是什么数字。

您怎样才能做到呢，魔术的奥秘在哪里呢？

其实很简单：找一个最小的数字，使它和您已知的另外两个数字的和构成9的倍数。

比如，828中第一个数字8被涂掉后，剩下的两个数字分别是2和8，那么，把2和8相加后，要得出能被9整除的数字，至少还要再加8，也就是使得这3个数字的和等于18，所以8就是被涂掉的那个数字。

为什么会出现这种结果呢？因为使某个多位数减去它的各个数位的数字之和，那么得出来的数字肯定可以被9整除，或者说，这各个数字之和可以被9整除。实际上，假设想出来的数字的百位上是 a，十位上是 b，个位上是 c，那么这个数字就可以表示为

$$100a+10b+c$$

用这个数字减去它的各个数位的数字之和 $a+b+c$，

就得到：

$$100a+10b+c-(a+b+c)=99a+9b=9(11a+b)$$

9(11*a*+*b*) 当然可以被 9 整除，这就意味着用这个数字减去组成它的各个数字之和后得到的数字始终可以被 9 整除。

在做魔术的时候，可能您已知的两位数字相加后得到的和本身就可以被 9 整除，如（4 和 5），这就意味着，被涂掉的那个数字要么是 0，要么是 9。您应该回答 0 或者 9。

以下是这个魔术的变形：不用想出来的数字减去它的各个数位上的数字之和，而是用它减去它各个数位上的数字重新排列后得到的新的数字。比如，可以用 8247 减去 2478（如果得到的数字比刚才得出来的数字大，那么用大的数字减去小的）。然后就像咱前面讲的：8247-2748=5499，如果被涂掉的数字是4，那么知道另外三个数字是 5、9、9 后，您应该考虑与 5+9+9，即与 23 最接近的能被 9 整除的是 27，那么被涂掉的数字就是 27-23=4。

14. 什么都不用问就可以猜出数字

您可以让朋友想出一个个位上非零的三位数，组成这个数的三个数字里最大的和最小的数字的差要大于 1，然后将各个数位上的数字反向排列。之后用大数减去小数，得出差，再按照相反顺序把得出来的差重新排列，把最后两个数字相加。不用向出题人询问任何问题，您就可以说出他最后得出来的结果。

假设这个数字是 467，那么出题需要完成下列运算：

$$467 \qquad 764 \qquad \begin{array}{r} 764 \\ - \ 467 \\ \hline 297 \end{array} \qquad \begin{array}{r} 297 \\ + \ 792 \\ \hline 1089 \end{array}$$

您可以告诉出题人最终结果是 1089。但是您怎样才能得到答案？我们用通用式解析这道题。假设所取数字的百位、十位、个位上的数字分别是

a、b、c，如下所示：

$$100a+10b+c$$

那将各个数位上的数字反向排列后得到：

$$100c+10b+a$$

前两个数字的差是：

$$99a-99c$$

对式子进行下列的变形：

$99a-99c=99(a-c)=100(a-c)-a+c==100(a-c)-100+100-10+10-a+c=100(a-c-1)+90+(10-a+c)$

这就是说，这个差：

百位上的数字是 $a-c-1$，

十位上的数字是 9，

个位上的数字是 10+c-a

再把这个差的各个数位上的数字反向排列，得到数字：

$$100(10+c-a)+90+(a-c-1)$$

两个数字相加：

$$100(a-c-1)+90+10+c-a+100(10+c-a)+90+a-c-1,$$

运算后等于：

$$100×9+180+9=1089$$

无论 a、b 和 c 取什么值，最后得出的都是只有一个数字 1089。所以很容易说出运算的结果，因为您已经提前知道了这个数字。当然，这样的魔术只能在同一个人面前玩 1 次，不然魔术的奥秘就会被发现。

15. 谁拿的？

为了完成这个巧妙的小魔术，我们必须准备一些可以放入口袋里的小玩意，如铅笔、钥匙或者铅笔刀。此外，把一个盛有 24 个坚果的盘子放到桌子上，没有坚果的话也可以用棋子、多米诺骨牌、火柴等代替。

让您的 3 个朋友在您不在场的情况下，把铅笔、钥匙或者铅笔刀等任意他们想拿的东西藏到口袋里。然后您猜谁拿了什么东西。

具体猜测过程如下：在朋友都把小东西藏好之后，您回到房间里，分一些盘子里的坚果给朋友。给第一个人 1 个坚果，给第二个人 2 个坚果，第三个人 3 个坚果。然后您再次离开房间，以便让您的朋友完成以下操作：藏有铅笔的人再拿走您给他的同等数量的坚果，钥匙的拥有者需要拿的坚果数量是您之前给他的 2 倍，藏有铅笔刀的同志要拿的坚果数量是您之前给他的 4 倍。剩余的坚果仍放在盘子里。

当他们全部拿好坚果之后，您回到房间里看眼盘子就可以说出谁兜里放了什么东西。

这个魔术让人困惑的地方在于，在它的表演过程中没人可以秘密地给您传递信号。这个魔术里没有任何迷惑性的东西，整个过程都是基于数学运算实现的。

您只能凭借盘子里所剩坚果的数量来猜测谁拿了什么东西。盘子里剩下的坚果数量不多，在 1~7 之间，所以您一眼就可以看出数量是多少。

然而，怎么才能通过所剩的坚果数量，来判断谁拿了什么东西呢？

很简单：物品在朋友之间不同的分配情况分别对应所剩坚果的不同数量。我们现在来确认。

假如您的朋友叫弗拉基米尔、格奥尔吉和康斯坦汀，用名字的首字母称呼他们为 B、Γ 和 K。然后用 a 表示铅笔，用 b 表示钥匙，用 c 表示铅笔刀。这 3 种物品是如何在三人之间分配的呢，共有 6 种分配情况：

B	Γ	K
a	b	c
a	c	b
b	a	c
b	c	a
c	a	b
c	b	a

除此之外不会有其他情况了，我们已经在表格里系统地罗列了所有可能的情况。

现在我们来看，这 6 种情况下分别对应的所剩坚果数量：

BΓK	拿取的坚果数量	拿走的总的坚果数量	剩余坚果数量
abc	1+1=2; 2+4=6; 3+12=15	23	1
acb	1+1=2; 2+8=10; 3+6=9	21	3
bac	1+2=3; 2+2=4; 3+12=15	22	2
bca	1+2=3; 2+8=10; 3+3=6	19	5
cab	1+4=5; 2+2=4; 3+6=9	18	6
cba	1+4=5; 2+4=6; 3+3=6	17	7

从以上表格可以看出，这6种情况下每次所剩下的坚果数量都是不同的。因此，知道所剩的坚果数量，您就容易确定朋友们各自拿了什么东西。

您再次，也就是第3次离开房间的时候，看一眼自己笔记本里画的表格（您只需看第一列和最后一列就可以了）。把表格内容背下来比较困难，也没有很大的意义。

通过查看表格内容，您就知道谁的口袋里装了什么东西。

例如，盘子里剩下5个坚果，这就意味着是（b、c、a）这一组，即

弗拉基米尔拿的是钥匙

格奥尔吉拿的是铅笔刀

康斯坦汀拿的是铅笔

为了保证魔术表演成功，您必须记住您给了每个朋友几颗坚果（正如我们示例中展示的一样，分发坚果时要按照每个人名字的首字母的顺序进行）。

第二章

游戏中的数学

多米诺骨牌

1. 用 28 张骨牌摆成一个长链

为什么在遵循游戏规则的情况下，可以把 28 块多米诺骨牌摆成点数连续的一排？

2. 长链的两端

用 28 块多米诺骨牌摆出一个长链，链子一端的最后一张牌上有 5 个点，那另一端的最后一张牌上有几个点？

3. 多米诺骨牌小把戏

您的朋友取出一张多米诺骨牌，让您用剩下的 27 张摆出一个点数连续的长链。他确信无论他拿走的是一张什么牌，您都可以用剩下的牌完成任务。您的朋友离开去隔壁房间，以免看到您的摆放结果。

您认同朋友的观点，即可以用 27 张牌组成一个连续的数列，并开始摆放骨牌。奇怪的是，待在隔壁房间的朋友在未看到您摆出这串牌的情况下，却可以说出这列骨牌两端的点数。

他怎么会知道呢？为什么他坚信，用任意 27 张多米诺骨牌都可以排成点数连续的一列呢？

4. 方框

图 2-1 是按照游戏规则用多米诺骨牌摆出的方框。方框的每条边长度相等，但点数不同。上边框和左边框上的点数均为 44，另外两边的点数分别是 59 和 32。

您是否可以摆出一个每条边上都有点数为 44 的方框呢？

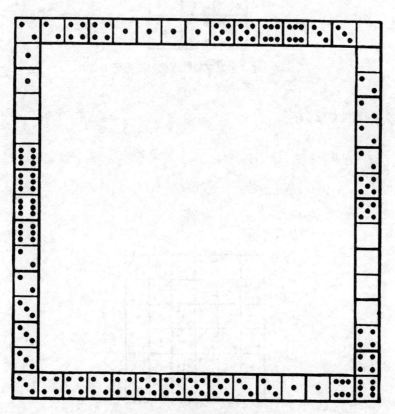

图 2-1　多米诺骨牌摆成的方框

5. 七个正方形

取出 4 块多米诺骨牌，用它们拼成一个正方形，且正方形每条边上的点数之和相等。您可以参考图 2-2，正方形每条边上的点数之和均是 11。

您是否可以用一副完整的多米诺骨牌同时摆出 7 个正方形，且正方形每条边上的点数之和均相等（7 个正方形每条边上的点数之和不必完全一样）？

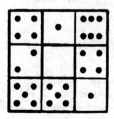

图 2-2　多米诺骨牌摆成的正方形

6. 多米诺骨牌幻方

图 2-3 是用 18 块多米诺骨牌拼成的正方形，它的神奇之处在于，正方形上的每行、每列和对角线上的点数之和均等于 13。这样的正方形被叫作"魔幻的"正方形。

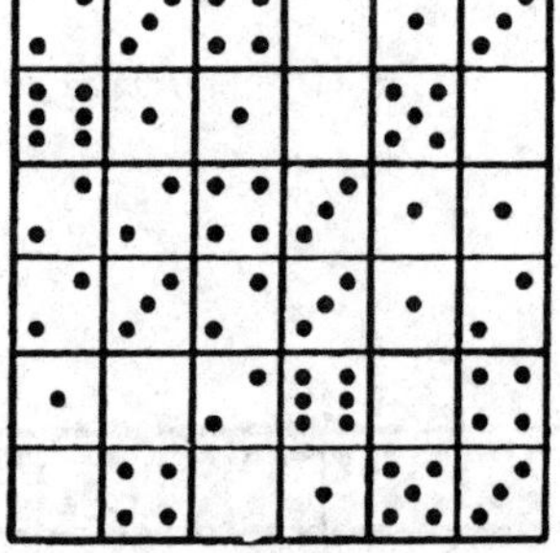

图 2-3　多米诺骨牌摆成的幻方

有人建议您同样用 18 块多米诺骨牌，摆出几个各条边上点数之和等于其他数字的幻方。

并且这些幻方中每列（或每行）点数之和最小的是 13，最大的是 23。

7. 多米诺骨牌数列

图 2-4 是按照游戏规则用 6 块多米诺骨牌组成的图形。牌上的点数（包括每张牌上的两个区域）从 4 开始以 1 为单位递增，整排多米诺骨牌的点数分别为：

$$4，5，6，7，7，9。$$

这种以同一个数值为单位依次递增（或者递减）的数列叫作等差数列，如这一列中每个数字都比前一项大 1。在等差数列中这个"差"可以为其他任意常数。

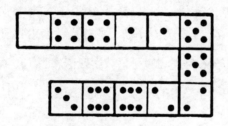

图 2-4　多米诺骨牌数列

任务：再用 6 张多米诺骨牌组成几个公差为其他常数的数列。

"15"游戏或者塔干。一个小盒子里有 15 个方格，每个方格都标有序号，这个游戏曾经大家都很熟悉，然而有关它的一段有趣的历史却鲜为人知。我们引用德国数学家——这个游戏的研究者威廉·阿伦斯的话来讲述这段趣事：

大概在半个世纪前，也就是 20 世纪 70 年代末，在美国突然兴起了"15"游戏，之后得到了快速传播。由于沉迷于该游戏的无数玩家"辛勤付出"，这个游戏成为了一场真正的社会灾难。

这场灾难甚至波及了太平洋的另一侧——欧洲。在那里即便是在马车车厢里，都可以看到游客手里拿着带有 15 个方格的小盒子。在办公室和商场里，老板因为员工对这个游戏太着迷而感到绝望，不得不禁止他们在工作时间玩游戏，而娱乐机构所有者却巧妙地利用大众对游戏的狂热举办大型的比赛活动。这个游戏甚至还被传播到了德国国会大厦庄严的大厅里。"国会大厦里那些头发花白的官员们聚精会神地琢磨着自己手里的方块盒子，这样的场景至今仍历历在目。"游戏大流行期间曾担任议员的著名地理学家和数学家西格蒙德·冈特回忆说。

巴黎的大街和林荫道上到处可见这个游戏的玩家，并且游戏很快就从首都传到了各个省份。"当时每一座农房里都有这只蜘蛛的巢穴，它暗中等待着那些将要迷失在它的蜘蛛网中的猎物。"一位法国作家写道。

大概是在 1880 年，人们对这个游戏的狂热程度达到了顶峰。但是不久之后，这个"霸王"很快被数学击败了。数学理论表明，这款游戏虽然包含了很多项任务，但是只有一半数量的任务可以被完成，其余的任务是无论如何也无法破解的。

现在一切都很清楚了，为什么玩家即使尽最大努力也无法攻克游戏难题，为什么锦标赛的组织者敢于为攻克难题而设置高额的奖金。游戏的发明者比所有人都更清楚这一点，他曾建议纽约报纸出版商在周日附刊上悬赏 1000 美元，以求得游戏难题的解决方案。出版商当时犹豫不决，游戏的发明者明确提出可以自掏腰包支付奖金。游戏发明者的名字叫萨姆·洛伊德。他因为创造了巧妙的谜题和大量的益智游戏而享有盛名。但奇怪的是，他并没有在美国拿到发明游戏的专利。根据要求，他应该展示测试游戏的"运行模式"。在他为专利局的官员出游戏题目时，官员问游戏是否可解。他回答："不，从数学方面来说是不可解的。""这样的话，"官员回答道，"就不可能有运行模式了，没有运行模式也就没有专利了。"洛伊德欣然接受了这个结果。假如他当时能预测到自己的发明会获得空前的成功时，他可能会更加坚定自己的选择[1]。

以下是游戏发明家对这个游戏的阐述：

"聪明的人们都记得，"洛伊德写道："在20世纪70年代初期我是如何让整个世界都在为这个有移动方块的小盒子费透了脑筋。"这个"15"游戏的小盒子(图2-5)已经家喻户晓，15个方格被按照正确的顺序放在盒子里，其中，如图所示（图2-6）标有14和15的两个方块的位置是颠倒的。这个游戏的任务就是依次滑动方格，按照正确的顺序排列方块，并调整14和15的位置。

1	2	3	4
5	6	7	8
9	10	11	12
13	15	14	

图2–5　正常顺序（状态Ⅰ）

1	2	3	4
5	6	7	8
9	10	11	12
13	14	15	

图2–6　无解的情况（状态Ⅱ）

没有人因为找到正确的移动方法而获得1000美元的奖金，虽然所有人都曾不辞辛苦地企图攻克这个难题。商人因为这个游戏而忘记自己在开店，受人敬重的官员整夜站在路灯下面寻求解决方法。没有人想放弃寻找答案，因为所

[1]　马克·吐温在他的小说《美国原告人》(*The American Claimant*) 中描述过这个片段。

有人都相信可以成功。据说，领航员因为游戏而搁浅了自己的船，火车司机把火车开过了火车站，农场主扔掉了自己的犁。

＊ ＊ ＊

现在向读者介绍一下这个游戏的基本规则。整套理论很复杂，并且和高等代数知识密切相关（《行列式理论》）。我们这里只介绍阿伦斯提出的观点。

游戏任务通常是通过依次滑动方块，把 15 个方块排成正常的顺序，也就是按照方块上数字的大小排列，如左上角是 1，右边是 2，然后是 3，右上角是 4，下面一行从左到右分别是 5、6、7、8 等。允许存在空白的方格。我们在图 2-5 中给出了按正常顺序排列后的方块。

现在想象一下 15 个方块按照错序排列的情况。经过几次滑动，总可以把方块 1 滑到它在图片里所处的位置。

也可以在不动方块 1 的情况下，把方块 2 移动到右边相邻的位置上。然后，不动方块 1 和 2，把方块 3 和 4 滑动到正常位置。如果它们凑巧不在最后两列上，就可以很容易地把它们移到这个区域，然后滑到所需要的位置上。现在第 1 行的 1、2、3 和 4 已经排列整齐。在接下来的操作中我们就不再移动它们。我们现在试着用刚才的方法排列第 2 行的 5、6、7 和 8。您会发现，这步也很容易实现。然后，在剩余的两行里把方块 9 和 13 也排好顺序，这步同样也可以完成。我们已经排列好了方块 1、2、3、4、5、6、7、8、9 和 13，接下来就不再移动它们了。现在只剩下 6 个方格，其中 1 个是空白格，另外 5 个方格里以错序的方式排列了方块 10、11、12、14 和 15。利用剩下的 6 个方格总可以把方块 10、11 和 12 滑到正确的位置。这一步完成后，最后一行的方块 14 和 15 的位置可能是正常的，也可能是相反的（图 2-6）。通过这种读者可以在实践中轻松验证的方式，我们可以得出以下结果。

　　无论初始顺序如何，最后都可以排列成图 2-5（状态 I）或者图 2-6（状态 II）中的一种情况。

　　还有一种排列顺序（为了方便，这里我们用字母 S 表示）可以转换成状态 I，当然，也可以逆方向转换，即可以把状态 I 转换成状态 S。例如，由于这些方块的移动方向都是可逆的，如果我们把状态 I 中的方块 12 放到空白格里，那么也可以通过反向移动撤回刚才的操作。

　　这样一来，我们共有两种排序情况，一种情况下的方块排列情况可以转换成正常的状态 I，另一种排序情况就是状态 II。还可逆向操作，把正常的排序转换成第一种情况下的任意一种状态，把状态 II 变成第二种情况下的任意状态。属于同一情况下的任意排序方式之间都可以相互转换。

　　是否可以继续操作，把 I 和 II 这两种排序结合起来呢？可以清楚地证明（不再具体展开），无论用什么方式也无法将这两种排序方式相互转换。因此，可以把所有排列状态归纳为两种相互独立的情况：（1）可以转换为正常的状态 I，这是可以实现的排序情况；（2）可以转化为状态 II，因而在任何条件下都无法转化成正常的排序情况。上文中就是为在第二种情况下求解而设置了高额奖金。

　　如何知道给出的排列顺序是属于第一种还是第二种情况呢？我们用例子说明。

　　第一行的方块顺序正常，第二行数字除了 9，其他数字都在正确的位置上。方块 9 占据了正常顺序中方块 8 的位置。这就意味着，方块 9 在方块 8 的前面，这种超前的状态被称为"次序错误"。针对方块 9 我们可以说："这里有一处次序错误。"我们再接着往下看，会发现方块 14 也是被前置的，它被提前了 3 个位置（放在了方块 12、方块 13 和方块 11 的前面），那这个地方就有 3 处次序错误（方块 14 在方块 12 前面，方块 14 在方块 13 前面，方块 14 在方块 11 前面）。所以截至目前我们一共发现了 1+3=4 处次序错误。再往后，方块 12 被摆在了方块 11 前面，方块 13 也是在方块 11 前面，所以又有两处次序错误。现在一共有 6 处次序错误。用这样的方式每次排序时都可以确定出次序错误的总数，并且可以把右下角的最后一个位置变位为空白格。如果次序错误的总数为偶数，正如我们刚才的例子一样，那这个排列就可以被转换成正确的顺序，换句话说，它是可解的。如果次序错误的总数是奇数，那排序就属于第二种情况，也就是无解的。（0 次序错误被认为是偶数）。

数学赋予这个游戏的清晰逻辑，使得先前的玩家的那种狂热在现在看来显得特别不可思议。数学创造了取之不竭的且无任何疑点的游戏理论。正如其他游戏一样，这个游戏的结局不取决于偶然性和智慧，而纯粹取决于事先确定的数学因素。

我们现在看这方面的益智题目，下面是游戏发明者想出的几项可解的题目。

看图 2-7 中的排列顺序。

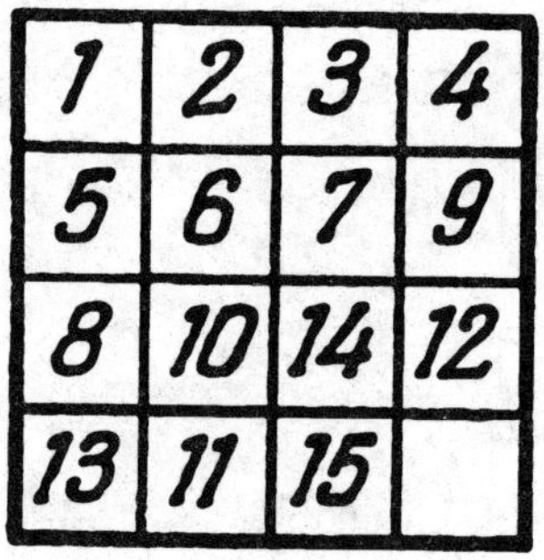

图 2-7　顺序不正确的方块

8. 洛伊德的第一题

在图 2-7 的基础上按照正确的顺序排列方块，并把左上角第一格的位置空出来（图 2-8）。

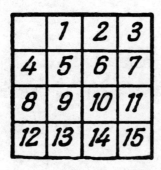

图 2-8　洛伊德的第一题参考图

9. 洛伊德的第二题

在图 2-5 的基础上，把游戏盒子转动四分之一圈后，将方块移动到如图 2-9 所示的位置。

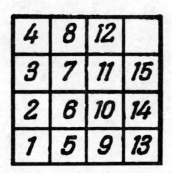

图 2-9　洛伊德的第二题参考图

10. 洛伊德的第三题

根据游戏规则移动小方块，把小盒子变成"幻方"，并且使各个方向上的数字之和等于 30。

11. 穿门还是击球

槌球游戏中球门的形状是矩形，宽度是球直径的两倍。在这样的条件下哪种操作更容易：是不触及铁丝的前提下，球体由最佳位置通过铁环门还是从这个位置开始撞击其他球？

12. 球和终点柱

终点柱底部的宽度是 6 厘米，球的直径是 10 厘米。击中其他球的可能性要比击中终点柱的可能性大多少？

13. 穿过球门还是撞击终点柱

球的直径是矩形球门宽度的 1/2 倍，是终点柱宽度的 2 倍，请问从最佳位置穿过球门还是从这个距离撞击终点柱比较容易？

14. 穿过陷阱还是击球

矩形球门的宽度是球直径的两倍。那么是从最有利的位置穿过陷阱还是以同样的距离击球更容易？

15. 无法躲避的陷阱

矩形球门的宽度和球的直径处于什么关系时，球体无法穿过陷阱？

1~15 题答案

多米诺骨牌

1. 为简化题目我们先把两区域点数相同的牌，即牌上的两个区域点数分别为 0-0，1-1，2-2 等的牌放到一边。现在剩下 21 块牌，所以每个点数会重复 6 次。比如，4 点（一个区域上的）将会以下列几种形式出现：

4-0; 4-1; 4-2; 4-3; 4-5; 4-6

这样一来，正如我们所看到的，每个点数重复的次数都是偶数。很显然，我们可以一个接一个摆放有同样点数的每组多米诺骨牌，直到放完为止。当这些都完成后，21 块牌就成了连续的一串，然后再把两区域点数相同的骨牌按照顺序穿插进去。这样，就在遵循游戏规则的前提下把这 28 块多米诺骨牌摆成了连续的一排。

2. 很容易把 28 块多米诺骨牌摆成开头和结尾点数相同的一排。事实上，如果开头和结尾的点数不相同，那出现在开头或结尾的那个点数重复出现的次数就是奇数（内部的点数都是成对出现的）。我们已经知道，一副多米诺骨牌中每个点数重复 8 次，也就是偶数次。所以，我们对两端会出现不同点数的假设是错误的，第一张牌和最后一张牌的点数应该是一样的。（这样的推理方法在数学里被称为"反证法"。)

顺便说一下，由已经证明的多米诺骨牌长链的特点可以得出另外一个有趣的结论：28 块多米诺骨牌组成的长链始终可以首尾相接，围成一个圆环。因此，在遵守游戏规则的前提下，用一整套多米诺骨牌不仅可以排成两端开放的一个长链，还可以围成一个封闭的圆环。

读者可能会对下面这个问题产生兴趣：一共可以通过多少种不同的方法排成这样的长链或者围成圆环呢？无须进行烦琐的计算，我们在这里就可以告诉大家，用 28 块多米诺骨牌排成长链或者围成圆环的方法多达 70 亿个。具体数字是：

$$7\ 959\ 229\ 931\ 520$$

（这个数字是由下列数字相乘得来的：$2^{13} \times 3^8 \times 5 \times 7 \times 4231$）

3. 这个题目的答案可以从我们上面的内容中得出。我们已经知道，用 28 块多米诺骨牌总能围成一个封闭的圆圈，因而，如果从这个圆圈里取出一张牌，那么

（1）剩下的 27 块牌可以组成连续的但是尾端开放的一排；

（2）这排的起始点数和抽走的那张牌的点数是一样的。

因此，从一副多米诺骨牌里抽走一张牌，我们就可以说出，用剩下的牌摆出的长链的首尾两张牌的点数。

4. 所求正方形各边的点数之和应该等于 44×4=176，也就是比整套多米诺骨牌点数之和（168）大 8。当然，这种情况的发生是因为正方形顶部的点数被计算了两次。这也正说明了正方形顶部应该有 8 个点。这在某种程度上为我们完成排列减轻了负担，虽然这项任务本身就比较麻烦。图 2-10 是这道题的答案。

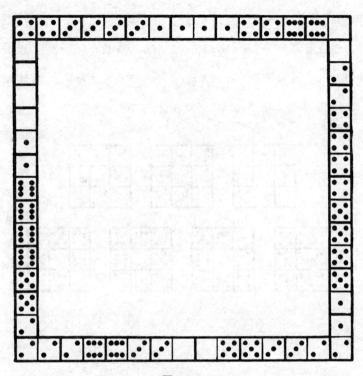

图 2-10

5. 这个题目有很多种解决方案，我们在这里选取两种。第一种解答方法（图 2-11），可以摆出：

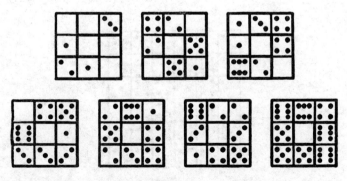

图 2-11

1个各边点数之和等于3的正方形；2个各边点数之和等于9的正方形；

1个各边点数之和等于6的正方形；1个各边点数之和等于10的正方形；

1个各边点数之和等于8的正方形；1个各边点数之和等于16的正方形。

第二种解答方法（图2-12），可以摆出：

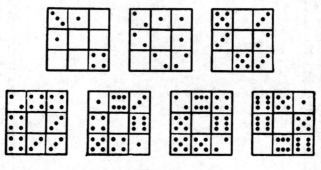

图 2-12

2个各边点数等于4的正方形；

1个各边点数等于8的正方形；

2个各边点数等于10的正方形；

2个各边点数等于12的正方形。

6. 图2-13为幻方，其各横行、竖行及对角线上点数之和均为18。

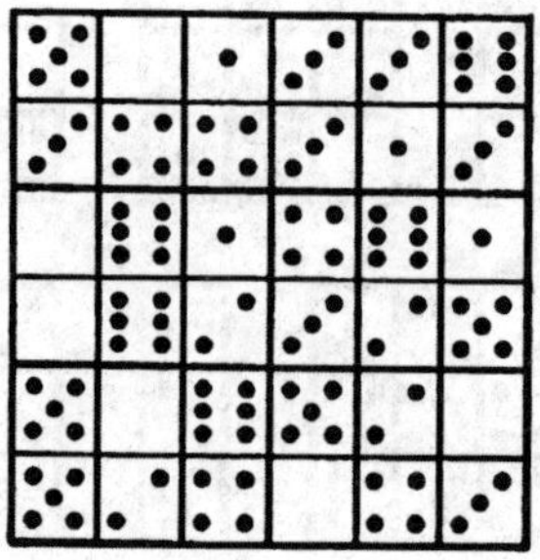

图 2-13

7. 以下是等差为 2 的数列。

a. 0-0；0-2；0-4；0-6；4-4（或 3-5）；5-5（或 4-6）。

b. 0-1；0-3（或 1-2）；0-5（或 2-3）1-6（或 3-4）；3-6（或 4-5）；5-6。

用 6 块多米诺骨牌，一共可以组成 23 个等差数列。以下是数列的第一项：

a. 公差为 1 的情况：

0-0	1-1	2-1	2-2	3-2
0-1	2-0	3-0	3-1	2-4
1-0	0-3	0-4	1-4	3-5
0-2	1-2	1-3	2-4	3-4

b. 公差为 2 的情况：

0-0	0-2	0-1

8. 在初始状态的基础上按照下列 44 步进行排序：

14	11	12	8	7	6	10	12	8	7
4	3	6	4	7	14	11	15	13	9
12	8	4	10	8	4	14	11	15	13
9	12	4	8	5	4	8	9	13	14
10	6	2	1						

9. 按照下列 39 步排序：

15	14	10	6	7	11	15	10	13	9
5	1	2	3	4	8	12	15	10	13
9	5	1	2	3	4	8	12	15	14
13	9	5	1	2	3	4	8	12	

10. 按照以下步骤滑动方块可以得到各边之和等于 30 的幻方：

12	8	4	3	2	6	10	9	13	15
14	12	8	4	7	10	9	14	12	8
4	7	10	9	6	2	3	10	9	6
5	1	2	3	6	5	3	2	1	13
14	3	2	1	13	14	3	12	15	3

在解决和游戏 "15" 有关的题目时，我们常用的是算术知识。接下来在解决槌球领域的题目时，我们将运用到一些几何学的内容。

11. 也许，即使是经验丰富的槌球爱好者也会说，在既定条件下穿过球门要比击球更容易，因为球门要比球宽 1 倍呢。然而这种想法是错误的，球门虽然比球宽 1 倍，但是球体无障碍地穿过球门经过的通道宽度却是目标的一半。

结合图 2-14，您就会明白上述内容。球体中心和铁环门的铁丝之间的距离不应小于球的半径，不然球就会触碰到铁环门。这就意味着，对于球体的中心来说，目标的宽度比铁环门的宽度小两个半径。根据题中的条件很容易得出，从最佳位置穿过球门的被撞击目标的宽度等于球的直径。

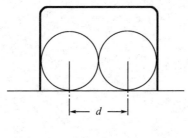

图 2-14

我们现在来看在击球时，对于移动的球心来说目标的宽度是多少。很明

显，如果发起撞击的球的球心和被撞击的球心之间的距离小于球的半径就肯定
会发生触击。也就是说，在这种情况下，目标的宽度，如图 2-15 所示，等于
球体直径的 2 倍。

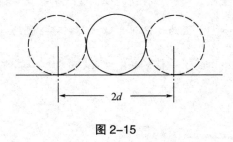

图 2-15

这样就与球员的看法相反，在这种情况下，从最佳位置撞球要比穿过铁环
门容易 1 倍。

12. 结合上面所述内容，这道题目就不需要做过多讲解了。很容易看出（图
2-16）在击球时目标的宽度等于球体直径的 2 倍，也就是 20 厘米，在对准终
点柱时目标的宽度等于球的直径加终点柱的宽度，也就是 16 厘米（图 2-17），
也就是说触击发生的概率要比击中终点柱的概率大 25%。

$$20:16=1\frac{1}{4}倍，$$

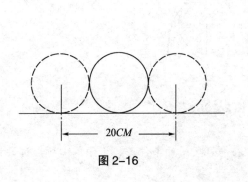

图 2-16

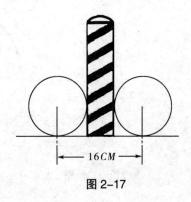

图 2-17

相对于击中标杆的机会，槌球运动员常常会夸大发生触击的概率。

13. 有的槌球玩家会这样认为：既然球门的宽度是球直径的 2 倍，而球的直径是终点柱宽度的 2 倍，那么球完全通过球门的可能性就是撞到终点柱可能性的 4 倍。看完了上面的题目，我们的读者应该不会犯同样的错误。槌球玩家之所以持有上述观点，是因为他认为，球体撞到终点柱的概率是从最佳位置出发后成功穿过球门概率的 $1\frac{1}{2}$ 倍。如图 2-18 和图 2-19 所示。

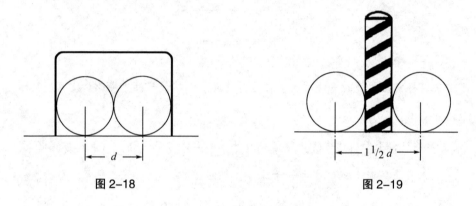

图 2-18　　　　　　　　　　图 2-19

（如果铁环门不是矩形，而是拱形的，那么通道对球体来说会变得更窄，从图 2-20 中可以很容易看出来。）

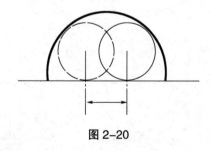

图 2-20

14. 由图 21 和图 22 可以看出，在题目所给的条件下，用于球心所通过的间距 a 非常窄。学过几何学的都知道，正方形的对角线 AC 大约是边长 AB 的 1.4 倍。如果球门的宽度是 3d（d 是球的直径），那么 AB 为

$$3d : 1.4 ≈ 2.1d$$

间距 a，即从最佳位置穿过陷阱的球的球心目标，将会变得更窄。它缩小了一个直径，也就等于：

$$2.1d - d = 1.1d$$

此外，我们知道发出撞击的球的球心目标等于 2d，那么，在这种情况下触击要比穿过球门容易 1 倍。

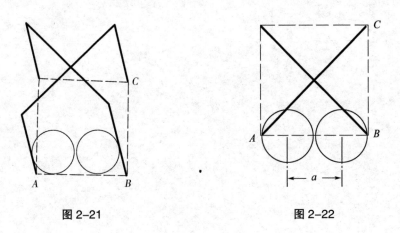

图 2-21   图 2-22

15. 当铁环门的宽度小于球的直径的 1.4 倍的时候，球是无法完全通过"陷阱"的。这是在上道题目中就可以得出的结论。如果球门是拱形的，会更加不易通过。

第三章

12 道趣味益智题

1. 绳子 [1]

"还要绳子？"妈妈边把手从洗衣盆里腾出来，边说，"你把我当成绳子了是吧？一直要绳子绳子的。昨天我不是刚给你一大团绳子吗？你要这么多绳子做什么呀？要把它用在哪？"

"我把绳子用在哪？"小男孩回答说，"首先，昨天你给我的绳子你已经拿走了一半……"

"不拿走绳子你让我用什么来系装床单的袋子？"

"剩下的一半又被托姆拿去水沟里钓鱼了。"

"你让着哥哥是应该的。"

"我让着他了呀。所以最后就没剩多少了，就这爸爸又拿走一半修补他的背带去了，发生车祸时他笑得太厉害把裤子的背带撑破了。然后，妹妹就从剩下的绳子里拿走五分之二用来扎头发……"

"那你用剩下的绳子做什么了？"

"剩下的？总共只剩下30厘米了！现在用这么短的绳子怎么做电话线呀……"

---

[1] 该益智题目的作者是英国小说家巴利·潘。

原来绳子长度是多少?

2. 袜子和手套

一个箱子里装有 10 双棕色的袜子和 10 双黑色的袜子,另一个箱子里装有 10 双棕色的手套和 10 双黑色的手套。分别需要拿出多少只袜子和手套后才能凑成成双的袜子和手套呢?

3. 头发的寿命

平均每个人有多少根头发? 经过研究调查,大约有 150 000 根[1]。平均每个月脱落多少根头发呢? 大约 3000 根。

根据这些数据怎么计算平均每根头发在头上生长多久呢?

4. 工资

我上个月的薪水和加班费加起来一共是 250 卢布,其中基本工资比加班费多 200 卢布。没有加班费的时候我的工资是多少钱?

5. 滑雪竞赛

滑雪运动员认为,如果他每小时滑 10 千米,那么他将在中午 1 个小时后到达目的地;如果每小时滑行 15 千米,那他将会在中午 1 个小时前到达。请

---

[1]　很多人都很好奇,我们是怎么知道头上有多少根头发的,难道是把头上的头发一根一根数完吗? 当然不是这样的,只数了头皮表面每平方厘米上的头发。知道了每平方厘米的发量和被头发覆盖的头皮面积,很容易就可以计算出来头发的总量了。简言之,解剖学家计算头发数量的方法和林学家清点森林里树木的方法是一样的。

问他应该以怎样的速度滑行，才能在中午时刚好到达目的地？

6. 两名工人

有两名工人，分别是老人和年轻人，他们住在同一套公寓里并且在同一家工厂上班。年轻人从家里走到工厂需要 20 分钟，老人需要 30 分钟。如果老人比年轻人提前 5 分钟从家里出发，那么年轻人需要多长时间才能赶得上老人？

7. 誊写报告

两位打字员负责誊写报告，其中比较有经验的一位可以用 2 个小时完成工作，另外一位经验较少的需要用 3 小时完成工作。

两人分工合作的情况下，最少需要多少时间可以打完这份报告？

通常在解决这类题目时，我们会参考著名的"游泳池问题"。具体来说，在这个题目中我们应该找出每位打字员 1 小时完成的工作占总工作量的比重；把两个分数相加然后用 1 除以这两个数。您是否可以想出另外一种解决类似题目的方法呢？

8. 两个齿轮

两个互相啮合的齿轮，小齿轮有 8 个齿，大齿轮有 24 个齿。大齿轮旋转的时候小齿轮围着大齿轮转。

小齿轮绕大齿轮转一圈后，小齿轮自转了多少圈？

9. 多少岁了

当一位益智题目爱好者被询问多大年纪时，他给出了一个令人费解的回答：

"用我 3 年后岁数的 3 倍减去我 3 年前岁数的 3 倍，您就会得出来我今年的岁数。"

请问益智题目爱好者今年多少岁？

10. 伊万诺夫夫妇

"伊万诺夫今年多大年纪了？"

"咱们来算一下。我记得 18 年前他结婚的时候，他的年龄整整是他妻子年龄的 3 倍。"

"据我所知，他现在的年龄刚好是他妻子年龄的 2 倍呀。是换妻子了吗？"

"还是那位妻子。所以这里应该不难算出伊万诺夫和他妻子现在的年龄了吧。"

亲爱的读者，伊万诺夫和他妻子现在分别是多少岁呢？

11. 游戏

当我和朋友们开始玩游戏时，我们的钱是一样多。第一局我赢了 20 戈比。第二局输掉了我手里的钱的 $\frac{2}{3}$ 后，我剩下的钱比朋友的钱少 $\frac{3}{4}$。

刚开始玩游戏时我们有多少钱？

12. 购物

出发去购物时，我钱包里大约有 15 卢布，由面值分别为 1 卢布和 20 戈比的硬币组成。购物回来后我钱包里剩下的 1 卢布的数量和起初的 20 戈比硬币数量一样多，剩下的 20 戈比硬币数量和之前 1 卢布的数量一样。如果钱包里剩下的钱是出门时带的钱数的 $\frac{1}{3}$，那么请问买东西一共花了多少钱？

1~12 题答案

1. 妈妈拿走了一半绳子，还剩下 $\frac{1}{2}$，哥哥借用之后还剩下 $\frac{1}{4}$，爸爸拿走所需要的后剩余 $\frac{1}{8}$，妹妹拿走需要的绳子后还剩下 $\frac{1}{8} \times \frac{3}{5} = \frac{3}{40}$。如果原来绳子长度的 $\frac{3}{40}$ 是 30 厘米，那么整个绳子的长度为：$30 : \frac{3}{40}$ =400 厘米，即 4 米。

2. 取出 3 只袜子就可以凑成一双了，因为 3 只中肯定有 2 只颜色是一样的。手套的问题就稍微复杂一点，因为手套不仅涉及颜色，还有左右之分。因此需要取出 21 只手套才能保证一定可以凑成完整的一双。比这个数目小话有可能无法凑成完整的一双，比如取出 20 只手套，这 20 只可能都是适合同一只手的手套（10 只棕色的左手手套和 10 只黑色的左手手套）。

3. 最晚脱落的头发当然是今天刚长出来的头发，也就是说这些头发的"年龄"才 1 天。

我们来看一下这根最新的头发在多少天之后脱落。在第一个月里，今天长在头上的 150 000 根头发里会有 3000 根脱落，在前两个月里，会有 6000 根脱落，在第一年的时间里，会有 12 倍的 3000 根头发脱落，也就是 36000 根。所以，第四年刚过不久，就会轮到最后一根头发脱落。这样我们关于头发的平均寿命问题就有答案了：4年多一点。

4. 很多人会不假思索地回答200卢布。其实这个答案是不正确的，因为如果是200卢布的话，基本工资只会比加班费多150卢布，而不是200卢布。

这道题应该这样计算。我们已知，加班费加上200卢布就等于基本工资，所以用250卢布和200卢布相加应该等于两倍的基本工资。250+200=450卢布，所以两倍的基本工资就是450卢布，因此可以得出没有加班费的工资是225卢布，加班费是250-225=25卢布。

现在我们检验结果：基本工资是225卢布，加班费是25卢布，基本工资比加班费多200卢布，符合题意。

5. 这个题目的趣味性表现在以下两方面：首先，它很容易给出暗示，即所求速度应该是每小时10千米和15千米的中间速度，也就是每小时$12\frac{1}{2}$千米。很容易证明，这种猜想是错误的。假设赛道的长度是a千米，那么以每小时15千米的速度滑行的话，滑雪运动员在滑道上的时间是$\frac{a}{15}$小时，当滑行速度是每小时10千米的时候，在滑道上的时间是$\frac{a}{10}$，滑行速度是每小时$12\frac{1}{2}$千米时，在滑道上的时间应该是$\frac{a}{12\frac{1}{2}}$或者$\frac{2a}{25}$，那么以下等式成立：

$$\frac{2a}{25}-\frac{a}{15}=\frac{a}{10}-\frac{2a}{25}$$

等式两边同除以a简化后得到：

$$\frac{2}{25}-\frac{1}{15}=\frac{1}{10}-\frac{2}{25}$$

或者根据算术比例得出：

$$\frac{4}{25} = \frac{1}{15} + \frac{1}{10}$$

得出的等式是不正确的：$\frac{1}{15} + \frac{1}{10} = \frac{1}{6}$，即 $\frac{4}{24}$，而不是 $\frac{4}{25}$。

其次，这道题目的另外一个特点是，不用借助方程式，甚至通过口算就可以得出结果。

我们这样推理：如果滑雪选手以每小时 15 千米的速度在赛道上多滑行 2 个小时（也就是以每小时 10 千米的速度滑行时所需要的时间），那么他滑行的距离要比实际上所要求的路程长 30 千米。我们已知，他每小时多滑行 5 千米，那么可以得出，他在路上的时间等于 30:5=6 小时。因此，以每小时 15 千米的速度滑行时在路上的时间等于 6-2=4 小时。所以他滑行的距离为：

15×4=60 千米

现在可以很容易找出，滑雪选手以怎样的速度滑行才能刚好在中午到达目的地，或者说，怎样才能在赛道上花费 5 小时：

60:5=12 千米

很容易通过实验验证答案是否正确。

6. 无须借助方程式就可以解出这道题，并且有很多种方法。

第一种方法：年轻的工人 5 分钟走了 $\frac{1}{4}$ 的路程，年老的工人 5 分钟走了 $\frac{1}{6}$ 的路程，也就是说，后者比前者少：

$$\frac{1}{4} - \frac{1}{6} = \frac{1}{12}$$

因为年老的工人比年轻的工人提前走了 $\frac{1}{6}$ 的路程，所以年轻工人要追上年老的工人需要 $\frac{1}{6} : \frac{1}{12}$ =2 个 5 分钟的时间段，也就是 10 分钟。

另外一种方法更简单。年老的工人走完全程要比年轻的工人多花 10 分钟时间。如果年老的工人比年轻的工人提前10分钟出发，那么他们两个会同时到达工厂。如果年老的工人比年轻的工人提前5分钟，那年轻的工人刚好在半路赶上年老的工人，也就是从家里出发10分钟后（因为年轻的工人走完全程需要20分钟）。

还可以使用其他方法计算这道题目。

7. 该题的创新解答思路如下。我们先提一个问题：怎样分配工作任务，才能让两名打字员同时完成工作？（当然，只有在无间歇工作的情况下才能以最短的时间完成任务）。由于比较有经验的打字员的打字速度是缺少经验的打字员的速度的 $1\frac{1}{2}$ 倍，那前者的工作任务应该是后者的 $1\frac{1}{2}$ 倍，只有这样两人才能在同一时间结束工作。由此可以得出，有经验的打字员应该誊写 $\frac{3}{5}$ 的报告，而缺乏经验的打字员誊写的 $\frac{2}{5}$ 报告。

至此，问题基本已经解决了。剩下的只需要找出有经验的打字员需要多少时间完成 $\frac{3}{5}$ 的工作。我们已知，她完成所有的工作需要2小时，那么，完成 $\frac{3}{5}$ 的工作将需要 $2\times\frac{3}{5}=1\frac{1}{5}$ 小时。同样，缺乏经验的打字员也是用这么长的时间完成 $\frac{2}{5}$ 的工作。

这样一来，两名打字员完成报告所用的最短时间就是1小时12分钟。

8. 如果您认为小齿轮转动3圈，那么您就错了，因为它不是转3圈，而是4圈。

为了更好地弄明白这个问题，您可以在自己面前一张光滑的纸上放两枚一样的硬币，如两个面值为20戈比的硬币，如图3-1所示。用手按着下面的硬币，滑动上面的硬币，让其围着上面的硬币转圈。您会发现一个意想不到的情况：当上方的硬币绕着下方的硬币旋转下降的时候，它已经绕着自己的轴心转了一圈，这点可以通过硬币上数字位置的变化看出来，所以围着静止的硬币转圈时，移动的这枚硬币实际上转了两圈，而不是一圈。

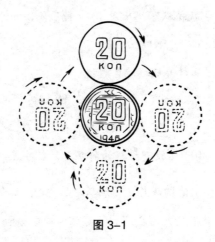

图 3-1

通常，当物体旋转着转圈时，它转的圈数要比直接数出来的圈数多一圈。我们的地球也遵循着这个规律，如果我们不是参照地球和太阳之间的关系，而是根据地球和其他行星的相对关系，那么地球绕太阳公转时，一年绕着自己的中轴自转了 $366\frac{1}{4}$ 次，而不是 $365\frac{1}{4}$ 次。这也是恒星日短于太阳日的原因。

9. 这道题从算术的角度来说可能比较难以理解，但是通过代数写方程就很好解决。我们用 x 代表未知数。3 年后的年龄就是 $x+3$，3 年前的年龄是 $x-3$，所以可以得出等式：

$$3(x+3)-3(x-3)=x$$

从而可以得出 $x=18$。所以这位益智题目的爱好者是 18 岁。

现在咱们来验算一下，3 年之后他将会是 21 岁，3 年之前他是 15 岁。差就等于：

$$3\times21-3\times15=63-45=18$$

也就是这位出题人现在的年龄。

10. 和上题一样，这道题也可以通过一个简单的方程式解决。假设妻子现在的年龄是 x，那丈夫就是 $2x$ 岁。18 年前他们的年龄要比现在的都小 18 岁，所以丈夫的年龄是 $2x-18$，妻子的年龄是 $x-18$。我们已知，丈夫 18 年前的年龄是妻子当时年龄的 3 倍，所以可以列出方程：$3(x-18)=2x-18$。

解方程后得出 $x=36$，所以妻子现在 36 岁，丈夫 72 岁。

11. 假设在游戏开始前每人手里有 x 戈比。第一轮结束后一个玩家手里有 $x+20$ 戈比，另一个有 $x-20$ 戈比。第二局游戏后，之前的赢家失去了 $\frac{2}{3}$ 的钱，所以，他剩下的钱等于 $\frac{1}{3}(x+20)$。

另外一个有 $(x-20)$ 戈比的玩家得到了 $\frac{2}{3}(x+20)$，所以他的钱数等于：

$$x-20+\frac{2}{3}(x+20)=\frac{5x-20}{3}$$

并且已知，第一位玩家的钱要比另外一位少 $\frac{3}{4}$，所以：

$$\frac{3}{4}(x+20)=\frac{5x-20}{3}$$

这里得出 $x=100$，即游戏刚开始时每人手里有 1 卢布。

12. 我们用 x 表示卢布的硬币数量，用 y 表示 20 戈比的数量。那么，在去购物的时候钱包里的钱就等于：

$$(100x+20y) \text{戈比}$$

购物回来后，我还剩：

$$(100y+20x) \text{戈比}$$

我们已知，这个数目比上个数字少 2 倍，所以得出：

$$3(100y+20x)=100x+20y$$

简化后得出：

$$x=7y$$

假设 $y=1$，那么 $x=7$。在这种情况下我一开始有 7 卢布 20 戈比，不符合题目中的条件（大约 15 戈比）；

假设 $y=2$，那么 $x=14$。最开始的钱数就等于 14 卢布 40 戈比，很符合题目给的条件。

假设 $y=3$，钱的数目是 21 卢布 60 戈比，太多了，不符合题意。

所以，最合适的答案就是 14 卢布 40 戈比。购物之后就剩下 2 个卢布和 14 个 20 戈比，也就是 200+280=480 戈比，这个数字也确实是最开始数字的 $\frac{1}{3}$（1440∶3=480）。

花掉的钱等于 1440-480=960 戈比，所以购物一共花了 9 卢布 60 戈比。

第四章

您会数数吗？

1. 您会数数吗?

这个问题，可能对于任何一个 3 岁以上的人来说都有点侮辱智商，谁不会数数呢？只要能连续地说"1""2""3"就可以，又不需要特别的技巧。但是我仍然认为，您并不总能很好地胜任这件看似简单的事情。当然，这一切都取决于我们要数什么东西。数一下箱子里的钉子很容易，但是如果箱子里不仅有钉子，还有和钉子混在一起的螺丝，需要分别确定出它们数量的时候，您会怎么做呢？先把螺丝和钉子分开，然后再分别数吗？

当女主人不得不在清洗卧具前数它们的数量的时候，也会遇到类似的问题。她先按照种类将这些东西分类：睡衣放一堆，枕巾放到另外一堆，枕套放在第三堆里等。只有完成这项烦琐的任务之后，她才能开始数每堆里待洗东西的数量。

看，这就是不会数数！因为当被数的对象不是单一的同一种类物品时，上面这种方法就显得很不方便，特别麻烦，甚至有时候根本就是不可行的。如果您必须数钉子或床单被褥的数量的话，很容易对它们进行分类。但如果您是一位林业工作者，您必须数出每公顷的面积上分别有多少棵松树、枞树、白桦和白杨的时候，是无法提前按照树种的不同将他们分类的。怎么办呢？难道您会先数完所有的松树，然后再数枞树、白桦和白杨，这样在树林里转四圈吗？

有没有更简单的只用绕着树林走一圈的方法呢？对，有这种方法，这也是林业工作者经常用到的方法。我接下来用数螺丝和钉子的例子为您介绍这种方法。

为了在不提前做好分类的情况下，一次就数清楚盒子里有多少只钉子和螺丝，您需要用铅笔在纸上画下面这样的表格：

钉子	螺丝

然后开始数数。从箱子里随便取出一个，如果是钉子，就在钉子的表格里画上一个连字符（-），如果是螺丝，就在螺丝的表格里画一个连字符。接着拿第二个东西，按照刚才的做法，接着再拿第三个……直到把箱子里的东西拿完为止。数完之后钉子的表格里有多少连字符，就表示有多少颗钉子；螺丝的表格里有多少连字符，就表示有多少颗螺丝。剩下需要做的就只有统计纸上的连字符了。

如果您不是把连字符一个接一个写上去，而是把 5 个连字符如图 4-1 所示的写在一起，那么统计起来就会简单方便很多。

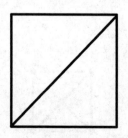

图 4-1　5 个连字符一组

对于这样的正方形最好是两个分为一组，也就是说在画完前 10 个连字符后，可以在新的一栏开始写第 11 个，第 2 栏画完两个方框后再在第 3 栏画等。这样画出来的方块就如图 4-2 所示的一样。

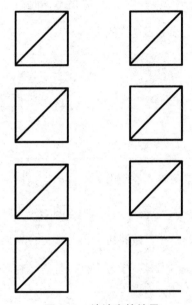

图 4-2　统计完的结果

这样排列的连字符数起来特别方便，您一眼就可以看出有 3 个 10，1 个 5，还有单独的 3 个连字符，即 30+5+3=38。

当然您也可以用其他的图形，比如，常常用到下列表示 10 的方块（图 4-3）。

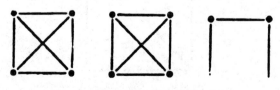

图 4-3　每个画好的方块代表 10 个

在数清林地上不同品种树木的时候，您也应该采用这种方法，只不过您的纸上不应该仅有两行表格，而是应该有 4 行。另外，横着的表格比竖行的用起来更方便。表格做好后和图 4-4 一致。

松树	
枞树	
白桦	
白杨	

图 4-4　统计森林树木所用的表格

完成统计后的表格和图 4-5 中的一致。

松树	 ☑ ☑ ☑ ☑ ☑ ⊓　☑ ☑ ☑ ☑
枞树	 ☑ ☑ ☑ ☑ ☑ ☑ ☑　☑ ☑ ☑ ☑ ☑ ☑ ☑ ☐
白桦	☑ ☑ ☑ ☑ ☑　☑ ☑ ☑ ☑	
白杨	 ☑ ☑ ☑ ☑　☑ ☑ ☑ ⌐

图 4-5　填好后的图 4 中的表格

这样就很容易做出最后的统计结果了：

松树……53　　　　　　白桦……46

枞树……79　　　　　　白杨……37

医生借助显微镜，统计血液样本里红血球和白血球数量时也是采用相同的方法。

同样，如果女主人按照这样的方法统计需要清洗的物品，那就可以节省很多时间和精力。

再例如，如果您必须数出一小片牧场里植物的种类和数量，您就需要知道怎样在最短的时间内完成这项任务。您可以事先在纸上写出植物的名称，每个名称后面画出一行，然后再预留几个空行以免遇到其他没写出名字的植物。这样，您开始统计前绘制好的表格将与图 4-6 中的相似。

蒲公英	
毛 茛	
车前草	
繁 缕	
荠 菜	

图 4-6　如何数牧场里的植物

然后再采用上面计算林地上树木的方法进行计算。

2. 为什么统计森林里的树木呢？

我们为什么要数森林里的树木？城市里生活的人们可能认为，这是件完全不可能完成的事情。列夫·托尔斯泰的小说《安娜·卡列尼娜》中农业行家列文有一位亲戚，不懂农业但是准备卖掉一片树林，列文向亲戚问道：

"你数过那里有多少树吗？"

"怎么数得过来？"亲戚吃惊地回答道，"恐怕只有拥有大智慧的人，才能数清地球上的沙子和光线了吧……"

"好吧，但里亚宾宁（商人）的大智慧就可以数清楚。如果数不清楚有多少数，没有人会买林子的。"

　　清点森林里树木的数量是为了确定总的木材体积。不用数完整个树林的树木，而是数一片区域就可以，如占整个树林面积的四分之一或者半公顷的区域。要尽量选择树木密度、组成、粗细和高低程度都处于中等的林区作为样本。当然，为了"选样"成功，您需要具备一定的经验。

　　但是，仅仅确定各个树种的数量是不够的，还必须知道不同粗细的树木数量：25 厘米的有多少棵；30 厘米的有多少棵；35 厘米的有多少棵；等等。所以在计算表中不应该只有我们上面所提到的四行表格，而应该有更多。您也可以想象一下如果不按照这里所讲的方法，您一棵一棵数，数完森林里的树木，需要在森林里转多少圈。

　　现在您已经很清楚，只有我们要数的对象属于同一种类时，统计操作起来才算简单容易。如果需要知道不同种类的物品数量，就必须使用我们这里讲到的特殊方法。这些计数方法并不是很多人都知道的哦。

第五章

数字题目

1. 用 5 卢布换 100 卢布

一名文艺节目统计员在自己负责的场次对观众提出了以下特别诱人的消息：

"大家注意，我现在付 100 卢布，谁能给我由 20 个硬币组成的 5 卢布，可以包括 50 戈比、20 戈比和 5 戈比的硬币。用 100 卢布换 5 卢布，有谁愿意换吗？"

台下一片沉默。观众们都陷入了思考。人们用铅笔在本子上算来算去，但没有人做出回应。

"观众朋友们，我发现，5 卢布对于价值 100 卢布的票来说有点过高了。我打算下调价格，减去 2 卢布，即 3 卢布，由刚才说的 3 种面值组成的 3 卢布。我用 100 卢布换 3 卢布！有意愿的同志可以去排队了！"

但还是没有人排队。很明显，观众们这次表现得不积极。统计员又开始提出新的建议：

"难道 3 卢布还贵吗？好吧，那我再降低 1 卢布，您只需要给我由上述面值组成的 2 卢布，我立刻支付您 100 卢布。"

由于还是没有人表示愿意兑换，统计员继续说：

"你们是身上没有带零钱吗？没关系，我可以赊账。只要在纸上列个清单，写上应该给我的每种面值的硬币个数就可以。我愿意支付每个给我寄来这样的欠款清单的人 100 卢布。可以把信件寄到出版社，收件人写我的名字。"

2. 一千

您能否用 8 个数字 8 表示出数字 1000 呢？（除了数字还可以使用计算符号）

3. 二十四

很容易用三个数字 8 表示 24，即 8+8+8。您是否还可以用其他三个同样的数来表示 24 呢？这道题目有多种答案。

4. 三十

很容易用三个数字 5 表示出 30，即 5×5+5。要用另外三个相同的数字来表示 30 可能有点困难，但是试试吧，说不定您可以找出多种不同的答案呢？

5. 缺少的数字

在下列的乘法式子中，有一半数字都被星号覆盖了，您是否可以补上缺少的数字呢？

```
        * 1 *
    ×   3 * 2
    ─────────
        * 3 *
  +   3 * 2 *
    * 2 * 5
    ─────────
  1 * 8 * 3 0
```

6. 哪些数字?

这道题和上道题属于同一类型。需要您补出题目中相乘的数字:

$$
\begin{array}{r}
\times\;\;*\;*\;5 \\
1\;*\;* \\
\hline
2\;*\;*\;5 \\
+\;1\;3\;*\;0\;\; \\
\;\;*\;\;\; \\
\hline
4\;*\;7\;7\;* \\
\end{array}
$$

7. 除的是什么?

请补全除法式子中缺少的数字:

$$
\begin{array}{r}
-\;*\;2\;*\;5\;*\;\;\big|\underline{3\;2\;5}\;\; \\
\;\;*\;\;\;\;\;\;\;1\;*\;* \\
\hline
\;0\;\;*\;\;\;\;\; \\
\;9\;\;*\;\;\;\;\; \\
\hline
-\;\;\;*\;5\;*\;\;\; \\
\;5\;\;\;\; \\
\hline
\end{array}
$$

8. 除以 11

请写出任意不包含重复数字的九位数(组成数字各不相同),并且保证该数字能被 11 整除。

分别找出符合条件的最小和最大的数字。

9. 奇怪的乘法现象

看到下面的式子,有人发现,这个式子中包含了 1~9 的 9 个数字,并且没有重复。您是否能找出类似的例子?如果还有其他这样的乘法算式的话,有几个?

$$48 \times 159 = 7632$$

10. 数字三角形

在（图 5-1）三角形的圆圈里填上 9 个数字，使每条边上的数字之和等于 20。

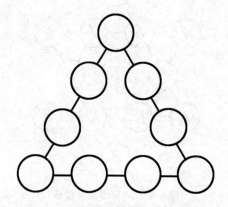

图 5-1　在圆圈里填入 9 个数字

11. 又一个数字三角形

在上题中的三角形（图 5-1）中的圆圈里填上 9 个数字，使每条边上的数字之和等于 17。

12. 魔法星星

图 5-2 中的六角形星星具有"魔术般的"特点：6 条边上的数字之和均等于同一个数：

$$4+6+7+9=26 \qquad 11+6+8+1=26$$

$$4+8+12+2=26 \qquad 11+7+5+3=26$$

$$9+5+10+2=26 \qquad 1+12+10+3=26$$

但 6 个角上的数字之和却是另外一个数字：

$$4+11+9+3+2+1=30$$

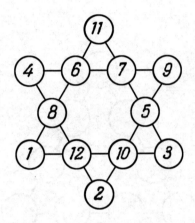

图 5-2　六角形数字星星

您是否可以改变这颗六角形星星，在圆圈中填入数字，使得星星每条边上的数字之和以及各个顶角的数字之和均等于 26 ？

1~12 题答案

1. 这三道题目都是无解的。不仅是统计员，我本人也想给解出方案的人提供各种奖励。为了验证我们的结论，咱们现在用代数来计算这三个题目。

第一道题：偿付 5 卢布。假设这种偿付可以实现，一共需要 x 个 50 戈比，y 个 20 戈比和 z 个 5 戈比，得出下列等式：

$$50x+20y+5z=500$$

两边同除以 5，得到：

$$10x+4y+z=100$$

此外，根据题中的条件，所有的硬币数量之和等于 20，那么 x，y 和 z 相加得出等式：

$$x+y+z=20$$

用第一个方程减去第二个方程，我们得到：

$$9x+3y=80$$

等式两边同时除以 3，得出：

$$3x+y=26\frac{2}{3}$$

3x 表示 3 倍的 50 戈比，所以 x 肯定是整数。20 戈比的数量 y 也是整数。两个整数相加不可能等于分数（$26\frac{2}{3}$），所以我们关于这道题可解的假设是错误的，即这道题目是不可解的。

用同样的方法，读者也可以验证有关"降价"的另外两道题，即分别偿付 3 卢布和 2 卢布的题目。第二道题得出的等式是：

$$3x+y=13\frac{1}{3}$$

第三道题得出来的等式是：

$$3x+y=6\frac{2}{3}$$

x 和 y 的值是整数时，两个方程都是无解的。

您看，无论我和统计员愿意为提出正确方案的人给出多么高额的奖励，这个奖励永远都送不出去。

但是，如果题目要求所支付的 20 个硬币的总和不是 5 卢布、3 卢布或者 2 卢布，而是其他金额，比如 4 卢布，那这个题目就很容易解决，甚至可以用 7 种不同的解决方案[1]。

2. 888+88+8+8+8=1000。

3. 两种解法：

$$22+2=24; \quad 3^3-3=24$$

4. 这里提供 3 种解决方法：

$$6\times6-6=30; \quad 3^3+3=30; \quad 33-3=30$$

5. 可以使用下列方法进行推理，以便逐个补全缺少的数字。

为了简单，对行进行编号：

---

[1] 其中一种方法是 6 个 50 戈比、2 个 20 戈比和 12 个 5 戈比。

$$
\begin{array}{r}
1 \quad \cdots\cdots \text{ I} \\
\times\quad 3*2 \quad \cdots\cdots \text{ II} \\
\hline
3 \quad \cdots\cdots \text{ III} \\
+\quad 3*2* \quad\quad \cdots\cdots \text{ IV} \\
*2*5* \quad\quad\quad \cdots\cdots \text{ V} \\
\hline
1*8*30 \quad \cdots\cdots \text{ VI}
\end{array}
$$

很容易想到，第三行最后一个星星表示的是 0，因为第六行最后一个数字是 0。

现在来确定第一行最后一位星星代表的数字，这个数字和 2 相乘得到一个末尾是 0 的数字，和 3 相乘得到的数字末尾为 5（第五行），符合这两个条件的数字只有 5 这样 1 个数字。

不难猜出第二行中被星星覆盖的是数字 8，因为 5 只有和 8 相乘才能得到以 20 结尾的数字（第四行）。

最后可以看出第一行的第一颗星星表示的数字是 4，因为只有 4 和 8 相乘，才能得出以 3 开头的数字（第四行）。

有了上面的信息，再猜剩余的数字已经不是难事儿了，将前两行的数字相乘，就可以确定所有的数字了。

最后得出的乘法式子如下所示：

$$
\begin{array}{r}
415 \\
\times\quad 382 \\
\hline
830 \\
+\quad 3320 \\
1245 \\
\hline
158530
\end{array}
$$

6. 用刚才的推理方法，也可以得出这道题里被遮盖的数字。如下所示：

$$\begin{array}{r} 325 \\ \times\ 147 \\ \hline 2275 \\ +\ 1300\ \ \\ 325\ \ \ \ \\ \hline 47775 \end{array}$$

7. 最初的除法算式如下所示：

$$\begin{array}{r} 162 \\ 325\,\overline{\big)\,52650} \\ 325\ \ \ \ \ \\ \hline 2015\ \ \\ 1950\ \ \\ \hline 650 \\ 650 \\ \hline 0 \end{array}$$

8. 解决这道题之前必须知道能被 11 整除的数字所具备的特征。如果一个数字可以被 11 整除，那么这个数字的奇位数字之和与偶位数字之和的差能被 11 整除或者等于 0。

我们用数字 23 658 904 作为例子验证一下。

奇位数字之和：

$$3+5+9+4=21$$

偶位数字之和：

$$2+6+8+0=16$$

它们的差等于（大数减去小数）：

$$21-16=5$$

这个差（5）不能被 11 整除，因此所取的这个数字不能被 11 整除。

现在用另外一个数字 7 344 535 试试：

$$3+4+3=10,$$

$$7+\ 4+5+5=21,$$

$$21-10=11$$

因为 11 可以被 11 整除，所以这个数字可以被 11 整除。

现在就容易想到，按照怎样的数字写 9 个数字，才能保证这个数字既是 11 的倍数，又能符合题目的要求。

例如：

$$352\ 049\ 786$$

验算一下：

$$3+2+4+7+6=22$$

$$5+0+9+8=22$$

差等于 22-22=0，也就是说我们写的这个数字是 11 的倍数。

这些数字中最大的数字是：

$$987\ 652\ 413$$

最小的数字是：

$$102\ 347\ 586$$

9. 有耐心的读者可以找到以下 9 种乘法运算：

$$12 \times 483 = 5796$$

$$42 \times 138 = 5796$$

$$18 \times 297 = 5346$$

$$27 \times 198 = 5346$$

$$39 \times 186 = 7254$$

$$48 \times 159 = 7632$$

$$28 \times 157 = 4396$$

$$4 \times 1738 = 6952$$

$$4 \times 1963 = 7852$$

10~11. 答案请见图5-3和图5-4。通过移动每条边上中间两个数字的位置，还可以得到其他答案。

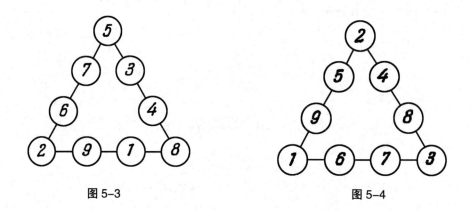

图 5-3　　　　　　　　　　　　图 5-4

12. 我们通过下列方法寻找需要填写的数字。题目要求我们最后填出的星星，每个顶角上的数字之和等于26，星星上所有数字之和是78，那星星内部六边形上的数字之和就等于78-26=52。

现在看其中的一个大三角形，它每条边上的数字之和是26，各条边相加就得到26×3=78，这里每个顶角上的数字分别参加了两次运算。又因为我们已知，内部的三组数字（内部六边形）之和是52，所以两倍的三角形顶角的数字之和就等于78-52=26，一倍的和就是13。

现在我们的寻找范围就明显的缩小了。例如，我们知道了11和12不可能处于顶角的位置（为什么？）。这就意味着，可以从10开始尝试，并且很快可以确定，剩下的三角形顶角的数字应该是1和2。

按照这样的逻辑，我们可以确定所有数字的位置。最后答案如图5-5所示。

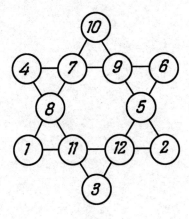

图 5-5

第六章

地下工作者的秘密通信

1. 格子法

地下革命工作者不得不和他的同伴通过旁人无法识别的信件内容来往。为此，他们使用一种叫"暗写"（或者"密写"）的书写方法。人们创作出了各种暗写体系，所以后来不仅地下革命工作者采用此书写方法，就连外交官和军人出于保护国家机密的目的也会使用这种方法。

这里我们介绍一种书写秘密信件的方法：《格子法》。它是相对简单的一种方法，并且和算术紧密相关。按照这种方法，写信人准备好每个"格子"，即凿有小孔的纸质方块儿。格子如图 6-1 所示。这些小孔的位置不是随意安排

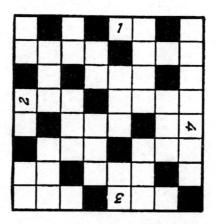

图 6-1　用于写秘密书信的格子
（您可以自己制作一个这样的格子，然后阅读图 6-5 中的秘密信件）

的，而是按照一定的顺序，后面您将会知道是什么样的顺序。

假设革命同志需要寄一封这样的信件：取消地区代表会议。有人向警察报了信儿。安东。

把格子放在一张纸上后，地下工作者在格子的小孔里一个字母一个字母地写下信息。由于一共有 16 个小孔，所以最开始只写了一部分内容：

代表会议……

取下格子，我们会发现图 6-2 中的文字。

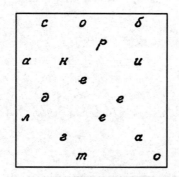

图 6-2　取下格子就会看见所写内容

当然，到目前为止，还没有什么秘密可言，每个人都明白是怎么回事。但这仅仅只是开始，这不是信件最后的形式。地下工作者按照顺时针的方向把格子旋转 $\frac{1}{4}$ 圈，也就是把数字 2 所在的一侧旋转到正上方。放置好格子后会发现之前写下的字母都被覆盖住了，那些小孔下面出现了空白的纸。在这些小孔里再写下秘密信息里的 16 个字母。现在取下格子，就会得到图 6-3 中的内容。

这样的笔记不仅别人无法理解，就连书写该内容的人，如果忘记了自己写的东西，恐怕也看不明白。

图 6-3　再写下 16 个字母

但这才写了一半的信息：取消地区代表大会。有……

为了能够继续往下写，就需要再次将格子按照顺时针的方向旋转$\frac{1}{4}$圈。格子覆盖了所写的内容，又留出了 16 处空白的小孔。再在里面填完几个单词后，就得到了图 6-4 中的字条。

图 6-4　需要再旋转一次格子

最后一次旋转格子后，数字 4 在正上方，在露出的 16 个空白处写上剩下的内容。这样最后就只剩 4 个方格没有用到，在里面写上字母 а，б，в，这样做的目的是避免字条里出现空白处。

写好的信函就如图 6–5 所示。

о	с	в	о	л	р	б	п
р	и	е	а	р	ц	ж	й
а	о	н	и	д	н	и	я
а	е	к	е	о	н	е	т
а	д	м	а	м	е	е	н
л	т	т	н	е	о	о	п
н	и	г	р	а	т	а	е
п	е	б	т	д	в	у	о

图 6–5　写好的秘密信函

您可以试着看看字条的内容！即使这个字条落到了警察的手里，即使警察十分怀疑字条上写着重要的信息，他们也猜不到里面的具体内容。别人无法从字条里读出一个单词。只有手里有和发信人同样格子的收件人才可以看懂信件的内容。

收件人怎么阅读这封密信呢？他把自己的格子放在文字上，把数字 1 转到上方，写下小格子里出现的字母，这就是信息里的前 16 个字母，然后转动格子，又会出现接下来的 16 个字母。旋转 4 次后就可以看完整个字条的内容了。

还可以使用有大孔的长方形的明信片代替正方形的格子（图 6–6）。如果位置够的话，在这样大的孔里不再写单个的字母，而是可以写部分或者整个单词。您不用担心这样写的话字条的内容会容易被猜到。不会的！虽然可以看到单独的音节和单词，但是它们是很混乱的，因此秘密还是可以得到很好的保护。首先将长方形格子的一条边朝上，然后再把这条边朝下，之后朝左、朝右依次使用。每一次重新摆放后格子都会遮盖住之前所写的内容。

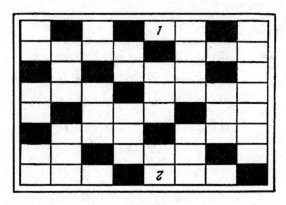

图 6-6　明信片形式的格子

如果只有一种格子，那么通过它来书写的信件将没有什么秘密可言，因为如果警察手里有个这样的格子，所有的秘密都将会被发现。事实上，格子的类型多种多样，以至于完全不可能猜中写信人使用的是哪一种。

1	2	3	4	13	9	5	1
5	6	7	8	14	10	6	2
9	10	11	12	15	11	7	3
13	14	15	16	16	12	8	4
4	8	12	16	16	15	14	13
3	7	11	15	12	11	10	9
2	6	10	14	8	7	6	5
1	5	9	13	4	3	2	1

图 6-7　一个正方形里有 40 多亿个神秘的小方格

图 6-7 给出了所有可以用 64 孔正方形做出的格子。您可以任意选择 16 个孔，只要保证所选的孔里没有相同的两个数字即可。我们现在使用的格子选择了下列的数字：

$$2, \quad 4, \quad 5,$$
$$14$$
$$9, \quad 11, \quad 7$$
$$16$$
$$8, \quad 15$$
$$3, \quad 12$$
$$10, \quad 6$$
$$13, \quad 1$$

可以看出，这里没有一个序号是重复的。

不难理解方块（图 6-7）里数字位置的逻辑。它们被纵横线分割成 4 个较小的正方形，为了方便，我们用罗马数字 Ⅰ，Ⅱ，Ⅲ，Ⅳ（图 6-8）表示。在方格 Ⅰ 中，按照正常的顺序对小方格进行了编号。正方形 Ⅱ 和正方形 Ⅰ 一样，只不过是向右旋转了四分之一圈。把 Ⅰ 向左转四分之一圈后得到了正方形 Ⅲ，再转四分之一圈后就可以得到正方形 Ⅳ。

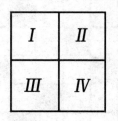

图 6-8　图 7 的示意图

现在我们可以从数学的角度计算一下可能存在多少种格子。1 号小方格（小孔）可以放在 4 个地方，每次都可以和 2 号小方格放在一起，也就是把 2 号小格子也放在 4 个位置。所以，一共有 4×4=16 种方法放置这两个小孔。所以，三个小孔的放置方法就是 4×4×4=64 种。以此类推，我们可以确定，16 个小孔可以有 4^16 种排放顺序（16 个 4 的乘积）。这个数字要超过 40 亿。即使我们的计算结果比实际夸大了几亿（由于出现相邻孔的情况不便于使用，所以可以剔除这些情况），但还剩下数十亿种可操作的格子。这么大量的格子种类，警方根本无法确定出写信人使用的到底是哪种。

2. 如何记住小方格的位置?

不用说，通信的双方都要时刻保持警惕，以免他们使用的格子落入旁人手里。最好的方式不是保存好这些格子，而是在收到信件后就把格子剪开，读完信后立即毁掉。但是怎样才能记住小方格的位置呢？这里我们又要借助数学的力量了。

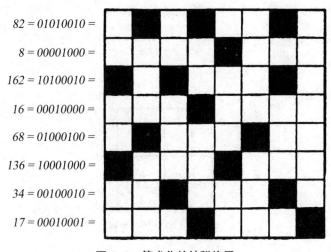

图 6-9　算术化的神秘格子

我们用数字 1 表示小孔，用数字 0 表示格子上的其他方格，那么格子上第一行就可以表示为（图 6-9）:

01010010

或者，去掉前面的 0，表示为：

1010010

第二行去掉前面的 0 后就可以表示为：

1000

剩余其他几行可以表示为：

10100010

10000

1000100

10001000

100010

10001

为了简化书写，我们可以假定这些数字是按照二进位写的，而不是十进位。这就意味着，右边的一个单位不是相邻单位的 10 倍，而是 2 倍。通常，数字的最后一位表示 1 个单位，即表示 1，倒数第二位表示 2，倒数第三位表示 4，倒数第四位表示 8，倒数第五位表示 16；等等。按照这种理解逻辑，那表示第一行小孔位置的数字 1010010 包含的单位个数为：

64+16+2=82

由于 0 表示该数位上没有单位，那（第二行的）数字 1000 就可以用二进制中的 8 代替。

剩下几行的数字可以表示为：

128+32+2=162

16

$$64+4=68$$

$$128+8=136$$

$$32+2=34$$

$$16+1=17$$

记住数字 82、8、162、16、68、136、34 和 17 并不是一件很难的事。只要知道这些数字，就可以知道它们表示的最开始的那组数字，从而可以知道格子中小孔的分布位置。

我们用数字 82 作为例子来展示一下具体怎么做。为了知道这个数字包含多少个 2，先用它除以 2，得到 41，没有余数，那表明，在数字的最末位上是 0。再用 41 除以 2，看咱们这个数字包含多少个 4：

$$41:2=20\cdots\cdots1$$

这说明，在数字的倒数第二位上的数字是 1。

接着，用 20 除以 2，看所求数字包含多少个 8：

$$20:2=10$$

没有余数，说明倒数第三位是 0。

用 10 除以 2 得 5，无余数，说明倒数第四位上是 0。

用 5 除以 2 得 2 余 1，说明从右向左数第 5 个数位上的数字是 1。最后，用 2 除以 2 可以得知，右起第 7 个数位上的数字是 1，右起第 6 个数位上 0。

这样，我们就可以得出所求数字：

$$1010010$$

因为共有 7 个数字，且格子的每一行都有 8 个小格子，所以应该是有个 0 在前面被忽略掉了，那么第一行格子里的小孔的位置可用数字表示为：

$$01010010$$

也就是说，小孔分别在第 2、4 和 7 的位置上。

剩余几行里小孔的位置也可以通过这种方法确定。

综上所述，人们创造了种类纷繁的密码文书写体系。我们在这里介绍格子法是因为它和数学紧密相关，并且它也再次证明了生活因数学而更加丰富多彩。

第七章

和天文数字有关的故事

1. 盈利的交易

没人知道，这个故事发生在何时何地。也许，甚至很有可能，从来没有发生过。但不管是真实事件还是虚构的谎言，这个有趣的故事都值得一听。

I

一位百万富翁外出归来时显得特别高兴，因为在途中发生了一段能给他带来巨大好处的幸福奇遇。

"会有这样的运气，"他对家人说道，"看来，并非无缘无故，人们都说，钱生钱，利滚利，现在我的钱就开始招来其他的钱了。真有点出乎意料！我在路上遇到一个陌生人，我本来没打算和他搭讪，他主动开始和我交谈，并知道我有一笔财富。在结束谈话时他向我提出了一桩令我很激动的有利买卖。"

"那咱们就这样约定了，"他说，"在接下来的一个月里我每天都给你 10 万卢布，当然，不是白给的，但是你只用还很少的报酬就可以了。按照约定，第一天我应该支付，说起来都有点可笑，1 戈比。只有 1 戈比。我简直不敢相信自己的耳朵。"

"1 戈比？"我又问了一遍。

"1 戈比，"他说，"我第二次给你 10 万卢布的时候，你给 2 戈比就可以了。"

"嗯，然后呢？"我迫不及待地问。

"然后，第三次给你的时候你付 4 戈比，第四次你付 8 戈比，第五次你付 16 戈比。接下来的以一个月每天付的钱都是前一天的 2 倍计算。"

"然后会怎样呢？"我问。

"然后结束了，"他说，"我不会再向你要求什么了，只要严格遵守合约：我每天早上给你拿来 10 万卢布，你按照我说的支付方式付给我酬金。你不能提前结束，必须坚持一个月。"

用几戈比可以换数十万卢布！如果给的都是真币，那这人应该脑子有问题。不过既然这是一桩有利可图的买卖，就不应该错过。

"好的，"我说，"你把钱拿过来，我也会按照约定付给你钱。你别耍花招，要带真的钱来。"

"放心，"他说，"明天早上等我吧。"

我只担心一点，他明天会不会来？万一他突然醒悟过来，知道自己做了一件不怎么有利的买卖了呢？不过明天很快就来了，到时候再说吧。

II

天终于亮了，一大早就有人敲百万富翁家的窗户，来的人就是富翁在路上遇到的那个陌生人。

"准备好钱，"他说，"我把自己的这份带来了。"

确实，一走进房间，这个奇怪的人就把钱拿出来了，并且是真钱，不是假的。

他数了整整 10 万卢布，然后说：

"这是我按照约定拿的钱，现在该你付了。"

富翁在桌子上放了一个铜质戈比，略显紧张地想等着看，客人是拿走硬币还是会反悔，把自己的钱要回去。

这个陌生人仔细看了一下戈比，放在手里掂量了一下，然后收起来了。

"在明天这个时候等我。但不要忘记准备 2 个戈比。"客人说完这话就离开了。

富翁简直不敢相信自己的好运气：10 万卢布从天而降！他又重新数了一遍钱，再次确认了钱是真的，没有什么问题。富翁把钱藏到了稍微远一点的地方，然后开始等待陌生人第二天继续来拿钱。

晚上时富翁感到很担心：万一是盗贼扮成老实人想看看别人把钱藏在哪，之后带着一伙凶恶的人来突袭怎么办？

富翁把门锁得更严实了，从傍晚就开始在窗户旁不时地看看，听听动静，久久不能入睡。

第二天早上又有人来敲窗户，是陌生人带钱来了。他数了 10 万卢布，得到了自己的 2 戈比，把硬币收起来就走了，临走时告别说：

"注意准备好明天要付的 4 戈比。"

富翁又感到一阵高兴，第二次白白得到了 10 万卢布，并且客人也不像强盗，因为他都没有往四周看，也没有想窥视什么，只是拿戈比。真是个怪人！如果世界上有更多这样的人，那聪明人的日子就更好过了……

陌生人第三天又出现了，然后用自己的 10 万卢布换了 4 戈比。

第四天，以同样的方式，用 10 万卢布换了 8 戈比。

第五天用 10 万卢布换了 16 戈比。

第六天换了 32 戈比。

这样过了七天，我们的富翁拿到了 70 万卢布，但是只支付了一点点：

1 戈比 +2 戈比 +4 戈比 +8 戈比 +16 戈比 +32 戈比 +64 戈比 =1 卢布 27 戈比。

贪婪的百万富翁对此欢喜不已，他甚至开始惋惜，合约的期限只有 1 个月，只能拿三百万卢布了，要不要说服这个怪人延长合约期限，哪怕多半个月？但是又害怕这个陌生人会意识到自己在白白给别人钱……

这个陌生人还是每天早上准时出现，带来自己的 10 万卢布。第八天他得到 1 卢布 28 戈比，第九天他得到 2 卢布 56 戈比，第十天他得到 5 卢布 12 戈比，第十一天他得到 10 卢布 24 戈比，第十二天他得到 20 卢布 48 戈比，第十三天他得到 40 卢布 96 戈比，第十四天他得到 81 卢布 92 戈比。

富翁很乐意地把这些钱付给对方，要知道他自己已经得到了 140 万卢布了，而付给陌生人的钱只有 150 卢左右。

然而，富翁的快乐并没有持续太久，他很快就开始明白，奇怪的客人并不是头脑简单的人，这个交易也并没有他起初想象的那么有利可图。15 天后用来和对方交换 10 万卢布的已不再是戈比，而是上百卢布了，并且金额急剧上升。富翁下半月需付的钱如下所示：

第十五天 163 卢布 84 戈比

第十六天 327 卢布 68 戈比

第十七天 655 卢布 36 戈比

第十八天 1 310 卢布 72 戈比

第十九天 2 621 卢布 44 戈比

不过，富翁认为自己并没有亏损，虽然他已经支付了 5 000 多卢布，但是却得到了 180 万卢布。

然而，富翁的收益随着天数的增加逐渐下降，并且下降速度越来越快。

下面是他接下来的支付情况：

第二十天 5 242 卢布 88 戈比

第二十一天 10 485 卢布 76 戈比

第二十二天 20 971 卢布 52 戈比

第二十三天 41 943 卢布 04 戈比

第二十四天 83 886 卢布 08 戈比

第二十五天 167 772 卢布 16 戈比

第二十六天 335 544 卢布 32 戈比

第二十七天 671 088 卢布 64 戈比

富翁不得不支付超过自己所得财富的数目，他虽然想停止交易，但又不能不遵守合同。

情况越来越糟糕，富翁意识到自己被陌生人算计了，并且这个骗子将从这笔交易中获得很多钱，但是已经太晚了……

从第 28 天开始富翁每天要付的钱都超过了 100 万，最后两天支付的金额已经导致他破产了。下面是他支付的巨大金额：

第二十八天 1 342 177 卢布 28 戈比

第二十九天 2 684 354 卢布 56 戈比

第三十天 5 368 709 卢布 12 戈比

当客人最后一次来的时候，百万富翁计算出了他为这看起来很划算的 300 万卢布付出了多大的代价。他总共付给了陌生人：

10 737 418 卢布 23 戈比。

差不多 1 100 万卢布了！……最初可是只有 1 戈比呀。陌生人即使一开始每天支付 30 万卢布，最后也不会吃亏的。

III

在结束这个故事之前，我先向大家展示一下我们百万富翁的亏损数目是怎样加速攀升的，换言之，如何以最快的速度使一组数字相加：

$$1+2+4+8+16+32+64……$$

很容易看出这组数字的特征：

$$1=1$$

$$2=1+1$$

$$4=(1+2)+1$$

$$8=(1+2+4)+1$$

$$16=(1+2+4+8)+1$$

$$32=(1+2+4+8+16)+1……$$

我们看到，这组数中每个数字都等于它前面所有数字之和再加 1。所以，如果需要这样一组数字的和，如 1 到 32 768，我们只需要用最后一个数字（32 768）加上前面所有数字的和就可以了，或者说，用末尾数字加上末尾数字和 1 的差（32 768-1），最后得到 65 535。

使用这种方法可以很快地计算出我们故事中百万富翁支付的总金额，我们只需知道他最后一次的付款金额就可以。富翁最后一次付了 5 368 709 卢布 12 戈比，所以我们把 5 368 709 卢布 12 戈比和 5 368 709 卢布 11 戈比相加，马上就可以得出所求金额为 10 737 418 卢布 23 戈比。

2. 城市里的消息

消息在城市里的传播速度真是快得惊人！有时候一件只有几个人目睹的事

情，能在不到两小时的时间里传遍整座城市：所有人都知道了这件事，所有人都听说了这件事。

这种不同寻常的传播速度非常的惊人，甚至很神秘。

然而，如果我们通过计算来分析这种速度的话，那这里就没有神秘可言了，一切都会很清楚。所有原因都归结于数字的特性，而非消息本身的神秘。

我们现在看下面这个例子。

I

一个首都的居民从早上 8 点到一个有 5 万人口的小城，并带来新鲜的、大家都感兴趣的消息。在这位来客居住的宾馆里，他只把消息告诉了 3 位当地的居民，假设这一共花了 15 分钟的时间。

这样，在早上 8 点 15 分的时候，在这座城市里共有 4 个人知道这件事，包括来客和 3 位当地人。

得知这个有趣的消息后，3 位当地居民各自把这个消息分享给了 3 个人，假设，这也花费了 15 分钟。这就意味着，在来客到达小城的半小时后小城里已经有 4+(3×3)=13 人得知了这个消息。

其中，得到消息的 9 人每人又在接下来的 15 分钟里把这个消息分享给 3 个人，所以在早上 8 点 45 分的时候，知道这个消息的人数已经达到了：

13+(3×9)=40 人

如果这个消息以这样的方式在城市里传播，即每位得知这个消息的人在接下来的 15 分钟里都把这个消息分享给 3 个人，那么这个消息将以下列形式在城市里传播：

9 点时得知该消息的人数为：

$$40+(3×27)=121 人$$

9 点 15 分时人数为：

$$121+(3×81)=364 人$$

9 点 30 分时人数为：

$$364+(3×243)=1093 人$$

由此看来，在来客带到消息后的一个半小时内小城里总共会有 1100 人了解到这条信息。这个数字似乎对于有着 5 万居民的城市来说并不是很大，大家可能会认为，要让所有居民都知道这个消息还需要一段时间。我们接着看一下消息接下来是怎么传播的：

在 9 点 45 分时知道该消息的人数为：

$$1093+(3×729)=3280 人$$

10 点的时候：

$$3280+(3×2187)=9841 人$$

再过 15 分钟，将有一半的城市居民了解到这个消息：

$$9841+(3×6561)=29\ 524 人$$

那这就说明，在 10 点半的时候城市里的所有居民都知道了在当天 8 点仅有一人知道的消息。

Ⅱ

我们现在来看一下上面的计算是如何完成的。它本质上可以归结为这样一组数字的相加运算：

$$1+3+(3×3)+(3×3×3)+(3×3×3×3)\cdots\cdots$$

是否可以像前面计算 1+2+4+8+……之和那样，用简便的方法得出这组数字的和呢？

要很快计算出结果，就必须知道这组数据所具备的以下特征，即每个数字都等于它前面所有数字之和的 2 倍再加 1：

$$1=1$$

$$3=1×2+1$$

$$9=(1+3)×2+1$$

$$27=(1+3+9)×2+1$$

$$81=(1+3+9+27)×2+1$$

$$……$$

换言之，这组数字中的每个数字都等于前面所有数字之和的 2 倍再加 1。

由此可以得出，如果我们需要计算出这组数字里从 1 到任何一个数字的和，那么只需要把这个数字和它的一半相加(这个数字减去 1 后的一半) 即可。例如，下列一组数字的和为：

$$1+3+9+27+81+243+729$$

$$等于 729+728 的一半，$$

$$即 729+364=1\,093$$

III

在上述事例中，每位得知消息的居民都只把这个消息分享给了 3 个人。假如这些居民更加健谈，不是把他们听到的消息分享给 3 个人，而是分享给 5 个人甚至 10 个人，那这个消息将会以更快的速度传播。例如，每个人把知道的消息分别分享给 5 个人，那么小城里得知该消息的人数将如下所示：

在 8 点时 1 人

在 8 点 15 分时 1+5=6 人

在 8 点 30 分时 6＋（5×5）＝31 人

在 8 点 45 分时 31+(25×5)=156 人

在 9 点时 156+(125×5)=781 人

在 9 点 15 分时 781+(625×5)=3 906 人

在 9 点 30 分时 3 906+(3125×5)=19 531 人

在早上 9 点 45 分之前小城里的 5 万居民将全部听说这个消息。如果每位得知消息的居民把这个消息分别分享给 10 个人，那么消息将传播得更快，我们可以得到下面一组快速增长的有趣数字：

在 8 点时 1 人

在 8 点 15 分时 1+10=11 人

在 8 点 30 分时 11+100=111 人

在 8 点 45 分时 111+1 000=1 111 人

在 9 点时 1 111+10 000=11 111 人

正如我们所看到的，最后一个数字是 111 111。这就说明 9 点刚过一点的时候，全城的居民就都知道了这个消息。也就是仅用了 1 小时消息就传遍了整个小城！

3. 廉价自行车洪流

在革命前的年代不管是在国内还是国外，即使是现在，也有一些商人采用一些别出心裁的方法来销售自己的商品，尤其是质量并不高的商品。我们先从刊登在受欢迎的报纸和杂志上的广告开始：

自行车 10 卢布一辆！

花 10 卢布就可以拥有一辆自行车。

抓住这次千载难逢的机会！

不是 50 卢布，仅需 10 卢布！！！

免费邮寄购买条款。

当然，不少人都被这个诱人的广告所迷惑，于是请求给他们邮寄这场特殊交易的条款。从他们收到的具体条款说明里，可以得知如下内容：

支付 10 卢布后商家不会直接寄出自行车，而是寄给买家 4 张票，买家需要将这些票以 10 卢布一张的价格卖给自己熟悉的 4 个人，然后将卖票得到的 40 卢布寄给厂家，最后厂家会给卖家发放自行车。这意味着，这辆自行车实际上确实只花费了买家 10 卢布，因为剩下的 40 卢布不是买家自己掏的腰包。其实，买家除了支付 10 卢布的现金外，还为向熟人销售 4 张票花费了精力，然而因为卖票不怎么费事儿，所以就没有被考虑为成本。

那这些票到底是做什么用的呢？能够给花 10 卢布购买它们的买家带来什么好处呢？原来，买家购买票后，可以用一张去厂家那里换 5 张相同的票，换言之，他得到了仅用 10 卢布，也就是票的价格，购买价值为 50 卢布的自行车的机会。同样，花钱从他们这里买票的人也可以从厂家那里得到 5 张票，然后再卖出去等。

乍一看，这场交易里并不存在欺骗。广告中的承诺都兑现了，买自行车的人实际上确实只花费了 10 卢布。厂家也没有因此而亏损，因为他们相当于全价卖出了商品。

但其实整个策划就是一场骗局。这样的骗局在我们这里叫作"洪流"，法国人称为"滚雪球"，它会使很多参与其中的人遭受亏损，因为这些人最后会无法卖出自己手里的票。他们只能向厂家支付自行车 50 卢布的价值和 10 元价格之间的差额。或早或晚，但是总会有那么一个时刻到来，就是票的持有者找不到愿意购买它们的顾客。这种情形一定会发生的，如果您愿意花费一点力气拿支笔算一下，就会明白卷入洪流的人数增长得有多快。

通常，第一批直接从厂家那里拿到票的人毫不费力就可以找到买家，因为每个人只需要把票卖给 4 个人。

买到票的 4 人需要让其他人相信这种交易有利可图，并把自己的 5 张票销售给 4×5 个人，也就是 20 人。我们假设现在已经招募了 20 位买家。

洪流继续向前涌动，20 位新的买家需要把这些票卖给 20×5=100 人。

到目前为止，第一批买家每人发展的总人数为：

$$1+4+20+100=125 人$$

这里面有 25 人每人拥有一辆自行车，剩余的 100 人支付 10 卢布后只是有希望得到自行车。

现在这股洪流不仅在相互认识的一小波人里涌动，而是涌向了整座城市。然而寻找新买家的工作将会变得越来越艰难。这 100 名持票者需要把同样的票销售给 500 人，同样，这 500 人需要把票卖给另外的 2 500 人。很快，这股洪流就会像洪水一样涌入城市的各个角落，寻找新的买家就变成了一件困难的事情。

大家可以看出，卷入洪流中的人数增长规律和我们之前遇到的消息传播的规律是一样的。下面是这一事例中人数增长的数字金字塔：

1

4

20

100

500

2 500

12 500

62 500

如果这个城市足够大，并且这里所有可能骑自行车的居民数量为62500人，那么在上面的数字金字塔中的底部，也就是第8轮的时候，这股洪流就会停止流动。因为它已经席卷了所有人。但是此时只有 $\frac{1}{5}$ 的人拥有自行车，剩下 $\frac{4}{5}$ 的城市居民手里只有销售不出去的票。

对于更大的城市、甚至是拥有百万人口的现代化大都市来说，再增加几轮也会达到饱和状态，因为卷入洪流的人数是以令人难以置信的速度增长的。下面是金字塔接下来的几层：

312 500

1 562 500

7 812 500

39 062 500

正如您所看到的，在第12轮时这股洪流甚至可以席卷整个国家，其中的居民都将成为这股洪流的受害者。

我们总结一下公司通过创造洪流所获得的东西。它使得 $\frac{4}{5}$ 的城市居民为

$\frac{1}{5}$ 的居民所拥有的商品买单，换言之，使得 5 人中的 4 人对另外 1 人施加恩惠。此外，自行车公司还使得很多人不遗余力地免费地帮他们宣传了商品。我们的一位作家 [1] 对这类欺诈交易做出了很正确的描述：正如"相互欺骗的洪流"。这场计谋背后隐藏的庞大数字实际上惩罚了那些不会用数学计算保护自己利益不受奸商损害的消费者。

4. 奖赏

相传，这个故事发生在很多世纪之前的古罗马时期 [2]。

I

统帅泰伦奇遵循皇帝的命令打了一场胜仗，然后带着战利品返回了罗马。到达首都后，他请求和皇帝见面。

皇帝接见了统帅，由衷地感谢他为帝国所立下的战功，并承诺让其在元老院担任要职作为奖赏。

但是泰伦奇想要的并不是这些。于是他向皇帝回复道：

"皇帝，为了加强您的势力并给您带来荣誉，我打了很多胜仗，即使我拥有的不是一次生命，而是很多次生命，我也愿意将它们都贡献给您。但是我已经厌倦打仗了；青春已逝，我血管里的血液都放慢了流动的速度。是时候在我祖辈留下的房子里休息和享受天伦之乐了。"

"你希望我给你什么呢，泰伦奇。"皇帝问道。

---

[1] 伊耶罗尼姆·伊耶罗尼姆维奇·亚辛斯基。

[2] 本流传故事取材自英格兰一家私人书店的古代拉丁文手稿。

"皇帝，你姑且先听我说完。经过多年的战争生活，我用自己的鲜血染红了宝剑，但却未能为自己创下物质财富。我是穷人，皇帝……"

"继续讲，勇敢的泰伦奇。"

"如果您想因为我为您做的微薄贡献而奖赏我的话，"受到鼓舞的统帅说，"那么就让您的慷慨帮助我在家园里富足地过完余生吧。我不追求全能的元老院里的荣誉和高职。我想放弃权力和社交生活，以便安静地休息。皇帝，给我用来维持余生的金钱吧。"

相传，皇帝当时并未做出慷慨的回应。因为他喜欢为自己攒钱，很少花钱在别人身上。统帅的请求让他陷入了思考。

"泰伦奇，你认为自己需要多少钱？"他问道。

"100万第纳尔，皇帝。"

皇帝再次陷入了思考。统帅低下了头，等着答复。终于，皇帝说：

"英勇的泰伦奇！你是伟大的战士，你光荣的战功值得慷慨的奖赏。我会给你一笔财富。明天中午你来到这里听我的决定吧。"

统帅行礼鞠躬后就出去了。

II

第二天统帅在约定好的时间来到了皇帝的宫殿里。

"你好，勇敢的泰伦奇。"皇帝说。

泰伦奇恭顺地低下了头说：

"皇帝，我来听您的决定了。仁慈的您答应了要奖赏我。"

皇帝回答道：

"我不希望像你这样高尚的将领，因为自己的战功仅得到少得可怜的赏赐。

现在听我说完。在我的国库里有 500 万铜制波拉斯 [1]。现在仔细听我的话。你去国库里拿 1 枚铜币返回这里，把它放到我的脚下。第二天你再去国库，取 1枚价值 2 波拉斯的硬币，然后到这里放到第一枚硬币旁边，第三天取一枚价值 4 布达斯的硬币，第四天取价值等于 8 波拉斯的硬币，第五天取价值等于 16波拉斯的硬币……，每次所取的硬币价值都是前一天的一倍。我命令工匠每天都为你制作相应价值的硬币。只要你有足够的力气搬出这些硬币，你就一直可以把它们从我的国库里拿走。没有人可以帮你，你只能用自己的力量去搬运硬币。当你发现自己再也搬不动硬币的时候，你就停下来，我们的合约也就结束了，你就可以拿走所有你搬出来的货币，它们就是你应得的奖赏。"

泰伦奇专注地听着皇帝说的每句话。他仿佛看到，自己一个接一个地从国库里搬出无数个一个比一个大的硬币。

"我对您的恩赐感到很满意，皇帝，"他高兴地回答说，"您的奖赏真的很慷慨！"

III

泰伦奇开始每天都到国库里去。由于国库和皇帝的会客厅距离不远，所以前几次取硬币并不需要花费泰伦奇什么力气。

第一天他只从国库里取了 1 个波拉斯，这个硬币不大，直径为 21 毫米，重约 5 克 [2]。

第二、三、四、五和六次所取硬币的重量分别为一枚波拉斯硬币重量的2、4、8、16 和 32 倍，所以做起来也很轻松。

---

[1] 小面值的钱币，相当于 $\frac{1}{5}$ 的第纳里乌斯。

[2] 相当于现代的 5 戈比硬币的重量。

第七天取的硬币的重量换算成我们现在的计量单位是 320 克，直径为 $8\frac{1}{2}$ 厘米（准确来说是 84 毫米 [1]）。

第八天泰伦奇需要从国库里拿出价值 128 波拉斯的硬币，这个硬币重 640 克，直径大约为 $10\frac{1}{2}$ 厘米。

第九天的时候泰伦奇把一个价值为 256 波拉斯的硬币拿到了皇帝的会客厅。这枚硬币的直径为 13 厘米，重 $11\frac{1}{4}$ 千克多。

第十二天的时候统帅取的硬币的直径达到了 27 厘米，重量为 $10\frac{1}{4}$ 千克。

在此之前很和蔼地看着统帅的皇帝现在不再掩饰自己的得意之色了。因为他看到，泰伦奇跑了 12 趟国库，但是只取了 2000 多一点点的铜币。

英勇的泰伦奇第十三天拿到的硬币价值为 4096 波拉斯，直径大约是 34 厘米，重量是 $20\frac{1}{2}$ 千克。

第十四天泰伦奇从国库里取出的硬币就比较重了，重 41 千克，直径约为 42 厘米。

"你不累吗，我英勇的泰伦奇？"皇帝忍着笑问道。

"不累，我的皇帝。"统帅边擦从额头上流下的汗水，边皱着眉头回答说。

到第十五天了。这次泰伦奇要搬的硬币很沉重了。他拖着巨大的硬币，缓慢地向皇帝挪去。这枚硬币价值 16 384 波拉斯，直径为 53 厘米，重 80 千克，相当于一个身材魁梧的战士的体重了。

第十六天的时候统帅背着硬币，走起路来摇摇晃晃的。这枚硬币价值等于

---

[1] 如果硬币的体积是普通钱币的 64 倍，那么它的宽度和厚度都是普通硬币的 4 倍，因为 4×4×4=64。这一点在计算故事里接下来出现的硬币尺寸时会用到。

32 768 波拉斯，重 164 千克，直径为 67 厘米。

统帅累得精疲力尽，呼吸也变得困难。而皇帝脸上却露出了笑容……

当泰伦奇再一次出现在皇帝的会客厅的时候，迎接他的是皇帝的大笑。因为这次泰伦奇都已经不能用手去拿硬币了，只能推着它走。这枚硬币的直径达到 84 厘米，重 328 千克，相当于 65 536 个硬币的重量。

第十八天是泰伦奇积累财富的最后一天。这天结束后泰伦奇就不再去国库和向皇帝的会客厅里搬运硬币了。这次他搬运的是一个价值 131 072 波拉斯的硬币。它的直径长 1 米多，重 655 千克。泰伦奇用自己的长矛当作杠杆，使出全身力气才勉勉强强地把这枚硬币推到会客厅里。伴随着一声巨响这枚庞大的硬币倒在了皇帝脚旁。

泰伦奇感到精疲力竭。

"我再也搬不动了……够了。"他小声地说道。

看到自己的奸计得逞，皇帝再也掩饰不住自己的笑声。他命令司库员计算出泰伦斯运到会客厅里的所有硬币数目。

司库员执行完命令后回复道：

"皇帝，由于你的慷慨，常胜将军泰伦奇得到的奖赏共计 262 143 波拉斯。"

这样，吝啬的皇帝给统帅的赏赐金额只是他要求的百万第纳尔的 $\frac{1}{20}$ 左右。

* * *

我们来检验一下司库员的计算，顺便再看看泰伦奇每天取出的硬币的重量：

第一天　1 个波拉斯重 5 克

第二天　2 个波拉斯重 10 克

第三天　4 个波拉斯重 20 克

第四天　　8 个波拉斯重 40 克

第五天　　16 个波拉斯重 80 克

第六天　　32 个波拉斯重 160 克

第七天　　64 个波拉斯重 320 克

第八天　　128 波拉斯重 640 克

第九天　　256 波拉斯重 1 公斤 280 克

第十天　　512 波拉斯重 2 公斤 560 克

第十一天　　1024 波拉斯重 5 公斤 120 克

第十二天　　2048 波拉斯重 10 公斤 240 克

第十三天　　4096 波拉斯重 20 公斤 480 克

第十四天　　8192 波拉斯重 40 公斤 960 克

第十五天　　16 384 波拉斯重 81 公斤 920 克

第十六天　　32 768 波拉斯重 163 公斤 840 克

第十七天　　65 536 波拉斯重 327 公斤 680 克

第十八天　　131 072 波拉斯重 655 公斤 360 克

我们已经知道，可使用简单的方法计算这样一组数据的和，根据第 1 道题的规则可以得知这些数据的和等于 262 143。泰伦奇请求皇帝赐予百万第纳尔，即 5 000 000 波拉斯。也就是说这个数目是他最后得到的赏赐的 5 000 000：262 143=19 倍。

5. 关于棋盘的传说

国际象棋拥有两千多年的历史，是世界上最古老的游戏之一。所以有些和象棋有关、但因年代久远而无法考证的传说并不足为奇。这里我想讲的就是一个这样的传说。弄懂这个故事并不需要会下象棋，只要知道下象棋是在一个有64 个格子（黑白格交替）的棋盘上进行的就足够了。

I

象棋起源于印度 [1]，当印度国王舍拉姆刚了解象棋这个游戏时，他对于这个游戏的巧妙和多种多样的棋子摆放位置感到非常欣喜。得知象棋是被他的一位臣民发明的时候，他命令把这个发明者叫来，要亲自为这个成功的发明奖励他。

发明象棋的人叫塞萨，他应邀来到了国王面前。他是位穿着朴素的学者，靠教书维持生计。

"你想出了很棒的游戏，我打算好好地奖励你一下，塞萨。"国王说道。这位智人低了下头。

"我很富，可以满足你任何大胆的愿望，"国王继续说，"说出你想要的奖赏，你就可以得到它。"

塞萨没有说话。

"不用害怕，"国王鼓励他说，"说出自己的愿望，我会毫不吝啬地帮你完成它。"

"感谢你的宏恩，陛下。给我点时间想想吧。明天经过深思熟虑后我会告诉你我的请求。"

第二天塞萨再次出现在了国王面前，他小小的请求让国王着实感到惊讶。

"陛下，"塞萨说道，"请你下令在棋盘的第一格上放 1 粒小麦。"

---

[1] 象棋起源于印度还是中国是有争议的，但是这本书上是写的"象棋起源于印度"。

"只是普通的麦粒？"国王惊讶地问道。

"是的，陛下。第二格上放 2 粒小麦，第三格上放 4 粒，第四格上放 8 粒，第五格上 16 粒，第六格上 32 粒……"

"够了！"国王生气地打断了塞萨的话，"按照你的愿望，每个格子上的麦粒数量都是前一个格子上麦粒数量的 2 倍。你会得到棋盘上 64 个格子上的麦子的。但是你要知道，你的请求根本配不上我的施舍。你请求的是一文不值的奖励，实际上是在藐视我的恩赐。其实，作为教师，你本可以起到向仁慈的君主表达尊敬典范作用。退下吧。我的仆人会取出一袋小麦给你的。"

塞萨笑了下，离开了大厅在宫殿门口等着。

Ⅱ

吃午饭时，国王突然想到了象棋发明家，便命令人去看看那个鲁莽的塞萨，是否已经带着自己那可怜的奖赏离开皇宫了。

"陛下，"来人回复道，"现在正在执行你的命令。御用数学家们正在计算应赏赐的麦粒数量。"

国王皱起眉头，他还不习惯自己的命令被执行得这么缓慢。

晚上，去就寝的时候，国王再次询问，塞萨是否早已带着他那一袋麦子离开皇宫了。

"陛下，"仆人回答说，"你的数学家们一直在不停歇地工作，他们希望黎明之前可以完成计算。"

"怎么这么慢？！"国王勃然大怒，"明天我睡醒之前，一定要把所有应给的麦粒都给塞萨。我不会再下第二次命令了。"

早上仆人向国王传达，御用数学家主管要向国王做重要汇报。

国王命令带人进来。

"在你说自己的事情之前，"舍拉姆说，"我想先知道，到底有没有给塞萨自己要求的小小的奖赏？"

"正是由于这个原因我才敢这么早出现在您的面前，"老人回答道，"我们认真仔细地数完了所有塞萨想要得到的麦粒数量。这个数字太大了……"

"不管这个数字多么大，"国王立刻打发他，"我的粮仓也不会因此变小。既然允诺了奖赏，就要给他。"

"陛下，是否可以实现这样的愿望不是由您决定的。您所有粮仓里的麦粒加起来，都没有塞萨要求的多。即使把全印度甚至全世界的麦粒全都拿来，也满足不了他的要求。如果您一定要进行已经允诺的赏赐，那么您就下令把陆地上的王国都变成耕地，把江河湖海里的水都抽干，融化覆盖在遥远的北方荒漠上的冰雪。假设在所有的空间上都种上了小麦，田地里收获的所有麦粒都赠予塞萨，只有这样，他才能得到他要求的奖赏。"

国王认真地倾听着老人的话。

"给我说下这个骇人听闻的数字。"他边思考着边说。

"噢，陛下！

十八百亿亿

四百四十六千万亿

七百四十四万亿

七百三十亿

七百零九百万

五百五十一千

六百一十五颗麦粒！"

Ⅲ

传说就是这样的，无人知晓这里讲述的是不是真实发生过的事情，但是这个故事里提到的应该奖赏的麦粒数量正是上述那个数字，您可以自己耐心地计算一下。首先从 1 开始，把 1、2、4、8……这些数字相加。第 63 次翻倍的结果可以告诉我们第 64 个方格里应给发明人的麦粒数量。如果我们将最后一个数字乘以 2 倍并减去 1，就可以很容易地算出应赏给塞萨的所有麦粒数量。也就说，计算可以简化为 64 个 2 的相乘：

$$2×2×2×2×2×2×……（64 个 2）$$

为了便于计算，我们将这 64 个 2 分为 7 组，前 6 组里每组 10 个 2，最后 1 组里有 4 个 2。

不难算出，10 个 2 相乘等于 1024，4 个 2 相乘等于 16。也就是说，所求结果等于：

$$1024×1024×1024×1024×1024×1024×16$$

将 1024×1024，得出 1 048 576。

现在只需要找出

$$1\ 048\ 576×1\ 048\ 576×1\ 048\ 576×16\ 的积$$

用得出来的结果减去 1 后，就是我们所求的种子数量：

$$18\ 446\ 744\ 073\ 709\ 551\ 615$$

如果你设想一下这个数字到底有多大，那么可以粗略估计装下这些麦粒需要多么大的粮仓。我们知道，1500 万个麦粒的体积大约为 1 立方米，那么奖赏给象棋发明者的麦子的体积大约为 12 000 000 000 000 立方米，或者 12 000 立方千米。假设粮仓的高是 4 米，宽是 10 米，那么它的长应为 300 000 000 千米，也就是太阳与地球之间距离的 2 倍！

印度国王根本没有能力给予这样的赏赐。但是他如果数学稍微好一点的话，就可以避免让自己陷入这样的债务危机。为了解决这个问题，国王只需要让塞萨自己一粒粒数好所有他应得的麦粒就可以了。

实际上，如果塞萨自己着手一粒粒夜以继日地数麦粒，按照 1 秒钟数一粒计算，他在第 1 个昼夜只能数 86400 颗。要数 1 百万麦粒，也需要至少 10 个昼夜的时间，且中间不能停歇。这样，1 立方米的麦粒他大约需要数上半年的时间，然后这仅有 5 俄石的麦粒。他不停地数上 10 年，数好的麦子体积也超不过 100 俄石。您看，即使塞萨下半辈子全用来数麦子，他可以得到的麦子也只能占他要求的一小部分……

6. 快速繁殖

成熟的罂粟果里装满了罂粟籽，每粒罂粟籽都可以长出一株罂粟，如果全部罂粟籽都发芽的话，一共可以长出多少株罂粟？要知道这个答案，就必须知道一颗罂粟果里包含了多少粒罂粟籽。这个题目看似很枯燥，但是得出来的结果却会很有意思，所以值得准备好把这道题做完。原来，一颗罂粟果包含 3000 粒罂粟籽。

那由此可以得出什么呢？假设我们种植的一株罂粟周围有足够的适合该植物生长的土地，每一粒落到地上的罂粟籽都可以发芽，那么夏天这片土地上将长出 3000 棵罂粟。由一颗罂粟果就可以长出一整片罂粟！

我们看接下来会发生什么。这 3000 株罂粟里的每一株又能结出至少 1 个（常常会有多个）罂粟果，且每个罂粟果包含 3000 粒罂粟籽。每个罂粟果里的种子发芽，成长为 3000 株新的植物，那第二年罂粟的数量至少：

$$3000×3000=9\ 000\ 000\ 棵$$

不难算出第三年我们最初的那株罂粟的后代已经可以达到：

$$9\ 000\ 000×3000=27\ 000\ 000\ 000\ 棵$$

第四年达到：

$$27\ 000\ 000\ 000×3000=81\ 000\ 000\ 000\ 000\ 棵$$

第五年罂粟在整个地球上的密度都将变大，因为它们的总数已经达到了：

$$81\ 000\ 000\ 000\ 000×3000=243\ 000\ 000\ 000\ 000\ 000\ 棵$$

陆地的总面积，也就是地球上所有大陆和岛屿的面积之和只有 13 500 万平方千米，即：

$$135\ 000\ 000\ 000\ 000\ 平方米，$$

这才大约是罂粟植株覆盖面积的$\frac{1}{2\ 000}$。

您看，如果每颗罂粟籽都发芽成长，那么在 5 年的时间里一棵罂粟的后代就可以以每平方米 2 000 株的高密度覆盖地球上的所有陆地。一小粒罂粟籽背后隐藏着多么庞大的数字呀！

也可以将这种运算方法运用到其他结籽比较少的植物上，我们会得到类似的结果。只不过结籽比较少的植物的后代覆盖陆地所需要的时间不是 5 年，而是稍微长一点的时间。就以每年结 100 粒种子的为例 [1]，如果这些种子全部发芽，那么：

第 1 年……………………………1 株

第 2 年……………………………100

第 3 年……………………………10 000

---

[1] 有的蒲公英头甚至包含 200 粒种子。

第 4 年·····················1 000 000

第 5 年·····················1 00 000 000

第 6 年·····················10 000 000 000

第 7 年·····················1 000 000 000 000

第 8 年·····················100 000 000 000 000

第 9 年·············10 000 000 000 000 000

这是地球上陆地面积的 70 倍。

所以，第 9 年地球上每平方米的陆地将会生长着 70 株蒲公英。

为什么在现实生活中我们没有见到速度如此惊人的繁殖情况呢？原因在于，很大一部分种子都无法发芽，这些种子或者是落入了不适合生长的土壤里，无法发芽，或者是已经发芽了，但是受到了其他植物的阻碍，或者被动物吃掉了。如果这些种子和幼芽未遭受到大规模的损害，每一种植物都能在短时间内长满我们的星球。

这个规律不仅适用于植物，还适用于动物。如果没有死亡，任何一种动物的后代都会或早或晚遍布整个地球。成群的遮天蔽日的蝗虫可能会让我们不禁思考，如果没有死亡来阻挡生物繁殖的话，将会出现什么样的景象。在 20~30 年后陆地将被茂密的树林和草原覆盖，树林和草原里聚集着数百万只为争夺地盘而打斗的动物。海洋都到处都是鱼，以至于船只都无法航行。由于大量鸟类和昆虫的存在，空气会变得十分浑浊。

举例来说说我们大家都知道的家蝇是如何快速繁殖的。假设一只苍蝇产 120 个卵，且一个夏季它们可以繁殖 7 代，其中有一半的苍蝇是雌性。第一次产卵时间假设为 4 月 15 日，这些卵在 20 天后就可以发育为成虫，其中雌蝇就可以开始产卵。所以苍蝇的繁殖速度将如下：

4 月 15 日产 120 个卵；5 月初孵化出 120 只苍蝇，其中 60 只是雌蝇；

5 月 5 日每只雌蝇产 120 个卵；5 月中旬孵化出 60×120=7 200 只苍蝇，其中 3 600 只是雌蝇；

5 月 25 日 3 600 只雌蝇每只产 120 个卵；

6 月初孵化出 3 600×120=432 000 只苍蝇，其中 216 000 只是雌蝇；

6 月 14 日 216 000 只雌蝇分别产 120 个卵；

6 月底孵化出 25 920 000 只苍蝇，其中 12 960 000 是雌蝇；

7 月 5 日 12 960 000 只雌蝇每只产 120 个卵；7 月孵化出 1 555 200 000 只苍蝇，其中 777 600 000 是雌蝇；

7 月 25 日孵化出 93 312 000 000 只苍蝇，其中 46 656 000 000 是雌蝇；

8 月 13 日孵化出 5 598 720 000 000 只苍蝇，其中 2 799 360 000 000 是雌蝇；

9 月 1 日孵化出 355 923 200 000 000 只苍蝇。

这就是在无障碍繁殖的条件下一对苍蝇在一个夏季可以繁衍出的后代数量，为了更清楚地认识这个庞大的数字，我们可以想象，把这些苍蝇一个挨一个排成一排，因为每只苍蝇的长是 5 毫米，所以所有这些苍蝇连起来的长度将达到 25 亿千米，相当于地球与太阳之间距离的 18 倍了（大约等于地球与遥远的天王星之间的距离）……

接下来我们列举几个在有利条件下，动物繁殖过快泛滥成灾的真实案例。

一开始美国境内是没有麻雀的，这种在中国非常常见的鸟类后来被引入美国，是为了让它们帮忙消灭害虫。众所周知，麻雀可以捕食大量的毛毛虫和其他危害果园菜园的昆虫。新的环境受到了麻雀的喜欢，因为在美国没有这种鸟类的天敌，所以它们开始在这里迅速地繁殖。但是很快它们的食物——昆虫不再能满足需求，麻雀开始危害庄稼[1]。于是当地的人们又开始了和麻雀的战争。此次战争让美国人付出了很大的代价，所以在此之后美国出台法律，禁止向美国引进各种动物。

第二个例子。当欧洲人首次发现澳大利亚时，这片土地上并没有兔子。在18世纪末兔子被引入澳大利亚，但是由于缺少天敌，这类啮齿动物以惊人的速度进行繁殖。很快成群的兔子大军就侵占了整个澳大利亚，并对农业造成了严重破坏。兔子的肆意繁衍变成了一场真正的灾难。为解决这个难题，澳大利亚人花费了大量的钱财，采取有效措施终于解决了这一祸患。后来在加利福尼亚也发生过类似和兔子有关的灾难。

第三个有借鉴意义的故事发生在有大量毒蛇的牙买加岛上。为了摆脱这些毒蛇，当地人引入了蛇的天敌——秘书鸟（蛇鹫）。的确，在引入秘书鸟后岛上毒蛇的数量在短时间内就迅速减少了，由于缺少毒蛇的捕捉，田鼠得以迅速地繁殖。田鼠数量的增加给当地的甘蔗种植园造成了重大损失，人们不得不再寻找田鼠的天敌。众所周知，印度小猫鼬也是老鼠的消灭者。因此人们决定把4对印度小猫鼬带到岛上，并让它们自由繁殖。这些新来的动物很好地适应了新的环境，并很快就在岛上的各个地方繁衍生息。不到十年的时间，它们几乎已经消灭完了岛上所有的老鼠。但是，灭绝了老鼠之后，这些印度小猫鼬就变成了杂食动物，它们逮到什么吃什么：攻击幼犬、羊羔、猪崽、家禽和家禽下的蛋。种群数量更为庞大后，印度小猫鼬就开始祸害果园、庄稼地和甘蔗园。当地的居民又开始消灭他们不久前的盟友，但在最后也只能在某种程度上限制印度小猫鼬造成的破坏。

---

[1] 麻雀的到来赶走了夏威夷群岛上的其余种类的小鸟。

7. 免费的午餐

10 个年轻人决定到餐厅里聚餐以庆祝中学毕业。他们所有人到达餐厅，等待上菜的时候，就怎么坐座位这个问题进行了讨论。有些人建议按照字母顺序排列，有人认为按照年龄排比较好，还有人比较倾向于按照学习成绩排位，有的人想按照身高排，还有的人持其他观点。大家一直在讨论，服务员端上来的汤已经凉了，但还没有准备入座。为了使这群年轻人和解，服务员对他们说：

"年轻的朋友们，不要争吵了。你们先随便坐下，听我把话说完。"

所有人都入座了。服务员继续说：

"你们其中的一人可以先记下你们现在坐的顺序，明天你们再来这里吃饭时按照另外一种顺序入座。后天再按照一种新的顺序入座，以后每次来都按照新的顺序入座，直到尝试完所有的位置顺序。我今天郑重承诺，当你们尝试完所有可能再坐回今天的位置的方法时，我就开始每天请你们免费吃最美味的午餐。"

年轻人很喜欢服务员的建议。他们决定每天都来这个饭店尝试不同的座位顺序，以便尽早享受到免费的午餐。

然而他们最终也没有等到那一天。不是因为服务员没有兑现自己的承诺，而是有太多种不同的排列顺序了！一共有 3 628 800 种。不难算出，3 628 800 天差不多等于 10 000 年了！

您可能会觉得不可思议，10 个人的座位怎么有这么多种不同的排列顺序！可以自己计算检验一下。

首先需要学会确定排列的数量。为了简单起见，我们先从数量比较少的物品开始。有 3 个物品，我们分别称它们为物品 A、物品 Б 和物品 B。

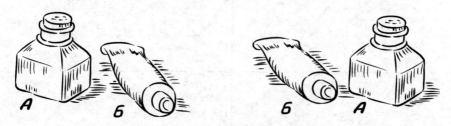

图 7-1　有 2 种方法摆放 2 件物品

我们想知道，摆放这 3 件物品时，一共可以有多少种不同的摆放顺序。我们这样推理，如果我们暂时先不管物品 B，那么一共有 2 种方法可以摆放另外两种物品。

现在把物品 B 放进来，一共有 3 种摆放它的方法。

（1）把物品 B 放在物品 A 和 Б 的右边，

（2）把物品 B 放在物品 A 和 Б 的左边，

（3）把物品 B 放在物品 A 和 Б 的中间。

很明显，除了上述 3 种摆放物品 B 的顺序，再没有其他可能了。又因为物品 A、Б 的有 AБ 和 БA 两种位置关系，所以摆放这 3 件物品的顺序一共有：

$$2×3=6 \text{ 种}$$

如图 7-2 所示。

我们继续看有 4 件物品的时候怎么计算摆放顺序的总数。假设我们有 4 件物品，分别为 A、Б、B 和 Г。还是先把其中一个物品，如 Г 放到一旁，对另外 3 个用不同的顺序摆放。我们已知，一共有 6 种不同的摆放顺序。然后把第 4 个物品 Г 放进来，一共有几种方法呢？很明显，一共 4 种，分别为：

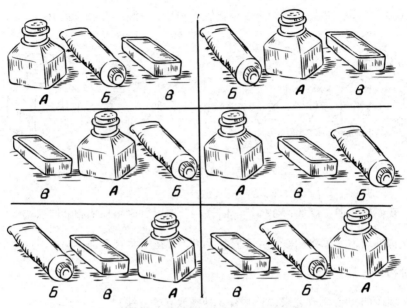

图 7-2　有 6 种方法摆放 3 件物品

（1）把 Г 放到前 3 件物品的右边

（2）把 Г 放到前 3 件物品的左边

（3）把 Г 放到第 1 件和第 2 件物品的中间

（4）把 Г 放到前 2 件和第 3 件物品的中间

所以，我们总共得到：

$$6×4=24 \text{ 种摆放方法}$$

因为 6=2×3，2=1×2，所以排列方法的总数可以被看作下列数字的乘积：

$$1×2×3×4=24$$

同理，如果有 5 件物品，那它们的不同排列顺序一共有：

$$1×2×3×4×5=120 \text{ 种}$$

如果有 6 种物品，排列顺序的总数为：

$$1×2×3×4×5×6=720 \text{ 种}$$

现在看有 10 位就餐者的情况。我们通过计算下列数字的乘积，就可以得到有多少种不同的座位排列顺序：

$$1×2×3×4×5×6×7×8×9×10$$

得出来的乘积正是我们前面写的数字 3 628 800。

如果就餐的人中有 5 位女生，且她们希望一位男生和一位女生交替着坐，在这样的情况下计算就会变得更复杂一些。虽然这样的排列方法要比上述情况的少很多，但是计算起来更加困难。

假设先让一个男孩子坐在座位上，然后剩下的 4 位男孩子入座时，要保证每两人中间空出来一个位置，这样 4 人有 $1×2×3×4=24$ 种方法进行座位排序。因为一共有 10 把椅子，所以最先坐下的那个男生的座位有 10 种可能，这就意味着 5 个男生的位置排列方法一共有 $10×24=240$ 种。

5 位女生一共有几种方式坐在男生之间的空座位上呢？很明显，一共有 $1×2×3×4×5=120$ 种方法。综合男生座位排列的 240 种可能和女生座位排列的 120 种可能，我们得出总的座位排列方法一共有：

$$240×120=28 800 \text{ 种}$$

这个数字要比之前的数字小很多倍，只需要 79 年（大约）就可以完成。如果年轻的就餐者可以活到 100 岁，他们就可以等到这位服务员或者这位服务员的继承者提供的免费午餐。

已经掌握了计算排列顺序的方法，我们现在就可以计算"15"[1] 游戏中棋子在盒子上共有多少种排列位置。换言之，就是计算出这个游戏可以给我们提

---

[1]　这种情况下必须把空白格一直放在右下角的位置。

供多少道题目。不难理解，可以把问题看作是寻找 15 件物品排列顺序的计算。为此，我们需要将下列数字相乘：

$$1×2×3×4×……×14×15$$

计算结果是：

$$1\ 307\ 674\ 365\ 000$$

即大于 1 万亿。

这个庞大数量中有一半的题目都是无解的，也就是说在这款游戏里有超过 6000 亿种情况是无法实现的。这在一定程度上解释了人们对于"15"游戏的狂热，因为被它吸引的人们不认为存在大量的不可实现的情况。

需要指出的是，如果我们想把游戏里每种可能的位置都摆放一遍，即使每秒都可以完成一种摆法，在昼夜不停歇的工作的情况下，也需要 40 000 多年的时间。

在即将结束我们关于排列数量的讨论时，我们来看一道和生活有关的题目。

一班有 25 名学生，有多少种排列座位的方法？

掌握了前面讲的方法后，这道题就不难解答，只需要将下列 25 个数字相乘就可以：

$$1×2×3×4×5×6……×23×24×25$$

数学虽然教会我们化繁为简的方法，但是却不能帮我们减掉计算步骤。没有什么方法比仔细认真地将这些数字相乘算得更准确。只不过对乘数进行正确的分组可以缩短运算时间。计算后得到的结果是一个非常庞大的 26 位数字，我们可能都无法想象这个数字是什么概念：

$$15\ 511\ 210\ 043\ 330\ 985\ 984\ 000\ 000$$

这是迄今为止我们在这本书里遇到的最大的数字，它比其他数字更适合被称为"巨大的数字"。即使是地球上海洋里所有小水滴的总数也要比这个数字小很多。

8. 摆放硬币

记得小时候，哥哥向我展示过一个有趣的和硬币有关的游戏。他并排放了3个茶碟，然后在最边上的一个茶碟里放了5枚硬币：最下面是1卢布，卢布上面是50戈比的硬币[1]，然后是20戈比和15戈比的硬币，最上面的是10戈比的硬币。

哥哥说，一共5枚硬币，需要把它们都放到第三个茶碟里，但是转移硬币的时候需要遵循三个规则。第一个规则：一次只能移动一个硬币；第二个规则：切勿将大面值的硬币放到小面值的硬币上方；第三个规则：在遵守前两条规则的前提下，可以把硬币暂时放到中间的茶碟里，但是游戏结束前应把所有硬币都放到第三个茶碟里，且硬币的顺序要和游戏开始时的顺序保持一致。正如你所看到的，游戏规则并不复杂。那咱们就开始吧。

我开始摆放硬币。先把10戈比的硬币放到了第三个茶碟里，15戈比的放到了中间的茶碟里。20戈比的硬币比10戈比和15戈比的硬币都大，应该把它放到哪里呢？

"应该怎么放呢？"哥哥帮我摆脱困境，"把10戈比的硬币放到中间的茶碟里15戈比的上方，这样就为20戈比的硬币腾出了在第三个茶碟的位置。"

我按照哥哥说的做了，随后又遇到了新的困难，50戈比的硬币放到哪里

---

[1] 读者在尝试这个游戏的时候，可以用旧的铜制5戈比硬币（或者同样大小的圆形硬纸片）代替1卢布，用现代的5戈比代替50戈比。

呢？但是，我很快就想到了：先把 10 戈比的硬币放回第一个茶碟里，将 15 戈比的转移到第三个茶碟里，然后把 10 戈比的硬币放到第三个碟子里。现在可以把 50 戈比放到空出来的中间的碟子里。最后经过几次转移和摆放，我成功地把一卢布硬币和其他 4 枚硬币按照要求的顺序放入到了第三个茶碟里。

"你一共摆放了几次硬币？"哥哥对我的结果表示认可后问道。

"我没有数。"

"那我们来数一下。很想知道如何用最少的步骤来达到目的。如果这里只有两枚硬币，分别是面值为 15 戈比和 10 戈比的硬币，一共需要多少步骤可以完成？"

"3 步：先把 10 戈比的硬币放到中间的茶碟里，再把 15 戈比的硬币放到第三个茶碟子里，最后把 10 戈比的也放入到第三个茶碟里。"

"正确。现在再加一枚面值为 20 戈比的硬币。一起数一下转移这些硬币需要多少步。我们这样做：先依次把面值最小的两枚硬币放入中间的碟子上。我们已经知道，这需要 3 步。然后，把 20 戈比的硬币放入空的第三个茶碟里——只需 1 步。最后，再把两个小的硬币从中间的茶碟里也转移到第三个茶碟里——需要 3 步。总的步数是：

$$3+1+3=7 \text{ 步}"$$

"让我自己数移动 4 枚硬币时需要的步骤吧。先把 3 枚最小的硬币放入中间的碟子里需要 7 步，然后把 50 戈比的硬币放入第三个碟子里需要 1 步，再把 3 枚最小的硬币放入第三个碟子里需要 7 步。总计：

$$7+1+7=15 \text{ 步}"$$

"很棒！那如果有 5 枚硬币呢？"

"15+1+15=31。"我立刻说出了答案。

"看，你现在已经掌握了计算方法。现在告诉你，怎样简化这种方法。注意，我们得到的数字 3、7、15 和 31 都是由 2 和 2 相乘一次或者多次后减去 1 得到的。你看。"

哥哥写了一个数字表：

$$3=2\times2-1$$

$$7=2\times2\times2-1$$

$$15=2\times2\times2\times2-1$$

$$31=2\times2\times2\times2\times2-1$$

"我明白了：摆放几枚硬币，2 就和 2 相乘几次，然后再用得到的乘积减去 1。我现在可以算出移动任意几枚硬币所需的步骤。比如，需要移动 7 枚硬币所需的步骤共有：

$$2\times2\times2\times2\times2\times2\times2-1=128-1=127 \text{ 步}"$$

"你现在才真正理解这个古老的游戏，还需要知道一条很实用的规则：如果硬币的数量是奇数，那么就先把第一枚硬币放入到第三个碟子了；如果数量是偶数，则先把第一枚硬币放入中间的碟子里。"

"你说这是古老的游戏。难道这不是你自己想出来的吗？"

"不是，我只是把它运用到了有关硬币的问题上，这个游戏起源于印度，有着悠久的历史。有一个有趣的传说和这个游戏有关。相传在瓦拉纳西市有一座寺庙，庙里有一位名为梵天的印度神。梵天曾在创造世界的时候做了三根金刚石针，并在其中一根针上从下到上放置了由大到小的 64 片金片。寺庙里的众僧需要孜孜不倦地把这些金片转移到另外一根金刚石针上，转移的过程中可以借助第三根金刚石针。和我们的游戏相同，需要遵循一次只能移动一个金片，并且不能将大的金片放在小的上面的规则。按照这个传说，当这件事完成时，宇宙就会毁灭。"

"噢，那也就是说，如果相信这个传说的话，宇宙早就应该毁灭了！"

"看来，你认为移动这 64 个金片不需要太多时间？"

"当然了。1 步需要 1 秒时间的话，1 个小时就可以完成 3 600 次移动。"

"然后呢？"

"1 昼夜就可以完成大约 10 万次移动，10 天可以完成 100 万次。我相信，有 100 万个步骤就可以移动 1 000 个金片了。"

"不对。要移动完这 64 个金片，一共要花费 5 000 亿年的时间。"

"如果用万亿表示 1 百万个百万的话，也'只是'18 万亿。"

"等一下，我现在就进行乘法运算并检验。"

"很好。趁你计算的时候，我先去忙自己的事情。"

哥哥走了，我开始专心致志地运算。我先计算出 16 个 2 的乘积，然后把这个结果 65 536 和自己相乘，得到的数字再和自己相乘。最后再减去 1。

最后得到了这样一个数字：

18 446 744 073 709 551 615[1]

这说明，哥哥是对的。

您可能会想知道这个宇宙的真实年龄，在这个问题上科学家只给出了一些近似数据：

太阳在宇宙中存在了	10 000 000 000 000 年
地球	2 000 000 000 年

---

[1] 读者们已经对这个数字不陌生了，它就是象棋的发明者所要求的麦粒的数目。

| 地球上的生命 | 300 000 000 年 |
| 人类 | 300 000 年 |

9. 赌局

休养所餐厅里的人们谈论到了如何计算事件发生概率的问题，其中一位年轻的数学家拿出一枚硬币说：

"抛一枚硬币，国徽在上的概率是多少？"

"请先解释什么是'概率'，"有人请求道，"并不是在座的所有人都清楚这个术语。"

"噢，这个很简单！有两种方式把硬币放到桌面上：分别是国徽朝上和国徽朝下。

"可能出现的结果一共有两种。其中我们感兴趣的只有一件有利事件。现在我们看一下它们之间的关系：

$$\frac{\text{有利事件的数量}}{\text{所有可能出现的结果}} = \frac{1}{2}$$

"分数 1/2 就是硬币落在桌子上时，国徽朝上的概率。"

"有关硬币的概率问题比较简单，"有人插话进来，"请您举一个比较复杂的例子，如骰子。"

"那我们一起看一下，"数学家表示同意，"我们有一个骰子，它的每面都有数字（图 7-3），那么掷一次骰子后，6 点朝上的概率是多少？这里一共会出现多少种情况呢？骰子的每一面都有可能落地，也就是说一共有 6 种可能。其中对于我们来说的有利事件只有一种，就是 6 点朝上。这样，概率就等于 1 除以 6。简言之，概率就是 1/6。"

图 7-3　骰子

"难道任何情况下都可以计算事件的发生概率吗？"一位度假者问道，"例如，我猜测，我们现在从餐厅的窗户往外看，看到的第一个行人是男人。那我猜对的概率是多少呢？"

"很明显，如果我们一岁的小男孩也是男人的话，那概率就是 1/2。世界上男人的数量和女人的数量是相等的。"

"那看到的前两名行人都是男人的概率又是多少呢？"另外一位度假的人问道。

"这个问题的计算稍复杂一点。我们先列举一下所有可能发生的情况。第一种情况，看到的前两个行人都是男性；第 2 种情况，先看到一名男性，后看到一名女性；第 3 种情况相反，先看到一名女性，后看到一名男性；第 4 种情况，看到两名女性。这样，一共可能出现 4 种结果。其中，有利事件就是第一种情况，所以该事件发生的概率就是 $\frac{1}{2}$。您的问题就解决了。"

"明白了。那如果是 3 名男性呢：看到的前三名行人都是男性的概率是多少呢？"

"好吧，我们计算一下。首先还是要考虑所有可能出现的结果。我们已知，如果是两名行人的话，所有可能出现的结果总数是 4。现在加上一个人，所有可能出现的结果总数就增加了 1 倍，因为两名行人时出现的 4 种情况中，每种情况里增加的那一名行人可能是男性，也可能是女性。这样，所有可能的情况总数是 4×2=8。那很明显，所求的概率等于 1/8，因为有利事件只有 1 例。这里很容易发现计算规律：

"前两名行人均为男性的概率：

$$\frac{1}{2} \times \frac{1}{2} = \frac{1}{4}$$

"前三名行人均为男性的概率：

$$\frac{1}{2} \times \frac{1}{2} \times \frac{1}{2}$$

"前四名行人是男性的概率就等于 4 个 $\frac{1}{2}$ 相乘。

"正如大家看到的，概率一直都在减小。"

"如果是 10 名行人的话，概率等于多少呢？"

"您是想问，看到的前 10 名行人都是男性的概率是多少？我们计算出 10 个 1/2 的乘积就行了。结果是 1/1 024，比千分之一还要小。也就是说，如果您打赌会出现这种情况，并且押 1 卢布作为赌注，那我就可以拿 1 000 卢布作为赌注，赌不会出现这种情况。"

"有利可图的赌局。"有人说道，"为了有机会得到 1 000 卢布，我愿意用 1 卢布去打赌。"

"但是这是 1 000 次机会和 1 次机会的较量，您需要考虑这一点。"

"没关系，我愿意用自己的 1 卢布和对方的 1 000 卢布打赌，甚至可以赌前一百名行人都是男性。"

"您知道这种情况发生的概率有多小吗？"数学家问道。

"百万分之一或者其他近似的概率？"

"要小得多！百万分之一是前 20 名行人都是男性的概率。前一百名行人都是男性是……让我在纸上计算一下。十亿分之……万亿分之……千万亿分之……哦嚯！概率等于 1 除以 1 后面有 30 个 0 的数字！"

"仅此而已吗？"

"您觉得 30 个零还少吗？你知道吗，大海里的水滴都没有这个数字的千分之一多。"

"确实，是个可观的数量！您愿意拿出多少钱来赢我的戈比呢？""哈哈，全部！押上我全部的东西。"

"全部？太多了。"

"用您的自行车作为赌注吧，赌吗？"

"为什么不赌？请吧！如果您愿意的话，那就自行车。我又不用冒险。"

"我这儿也没什么风险，赌注很小，就 1 戈比。但是却有可能赢得您的自行车，而您赌赢了也几乎赚不到什么。"

"您要明白，您输定了。您永远也得不到自行车，但您的戈比，现在可以说已经到我的口袋里了。"

"您在做什么呢！"数学家的朋友想阻止他，"为了 1 戈比拿自行车做赌注，真是疯了！"

"相反，"数学家说道，"在这种情况下即使用 1 戈比做赌注也算是疯狂的做法。要知道肯定会输的！还不如直接把戈比扔掉呢。"

"但还是有一丝机会的。"

"好比大海里的一滴水，甚至是 10 个大海里的一滴水！这就是您的机会。而我的胜算和你的胜算比起来就好比 10 个大海和一个水滴的区别。我肯定会赢的，正如 2 乘以 2 等于 4 一样。"

"您太入迷了，年轻人。"传来一位老人稳重的声音，他刚才一直都在默默地听着大家的争论。"太人迷了……"

"怎么？教授，您也？"

"您是否想过，是不是所有的情况都有相同的发生概率？概率计算仅对哪些情况来说是正确的？只有可能性相同的时候才可以计算概率，不是吗？刚才的例子……"老人边说，边仔细地听着，"事实会证明你是错误的。现在可以听到军乐，对吧？"

"和音乐有什么关系？"年轻的数学家刚开始说话，就停住了，他的脸上出现了吃惊的表情。他突然离开座位，跑到了窗户旁伸着头向外看。

"没错，"他沮丧地说，"我输了！永别了，我的自行车……"

一分钟后所有人都明白是怎么回事了。刚才一个红军步兵营从窗外走过。

10. 我们身边的天文数字

无须寻找特例，我们就可以接触天文数字。它们无处不在，甚至存在于我们的身体内部，只要我们能够发现它们。头顶上的天空、脚下的沙子、周围的空气、身体里的血液，所有这些都包含着我们看不到的数字"巨人"。

和天空有关的天文数字对大多人来说都不足为奇。众所周知，当谈到宇宙里星星的数量、它们之间和它们与地球的距离、它们的体积、重量、存在年代等，我们都会不可避免地遇到超乎想象的庞大的数字。也难怪"天文数字"一词会成为成语。

然后，很多人都不知道，即使是那些被天文学家称为"小的"天体，如果用我们熟悉的尺度去衡量的话，也都是真正意义上的庞然大物。对于已经习惯巨大尺寸的天文学家来说，直径为几千米的星球太小了，以至于谈起这些星体的时候，天文学家会轻视地用"微小"一词来形容。但是相比于其他更大的星体，这些星球才能被称作"微小"，从人类普通的测量尺度来说，它们丝毫也不"微小"。即使是最小的天体也可以容纳我们苏联所有的公民。

就拿不久前刚被发现的直径仅为 3 千米的"微小"星球为例，运用几何学知识，很容易算出这个星球的表面积是 28 平方千米或者 28 000 000 平方米，每平方米可以容纳 7 人，那 2 800 万平方米可以容纳 1.96 亿人。

我们脚下踩的沙子也常常和天文数字有着紧密联系。一小把儿细沙里包含的颗粒数目不会少于全苏联的人口。也难怪很早以前就出现"恒河沙数"之类的表达。

但是，古代的人认为沙子和星星的数量一样多，其实还是低估了沙子的数量。在古代没有望远镜，人们普通的肉眼只能看到大约 3 500 颗星星（在同一个半球）。海边的沙子要比肉眼可见的星星多上百万倍呢。

我们呼吸的空气隐藏着巨大的数字。每立方厘米的空气，每个顶针里的空气包含 27 百亿亿（27 后面 18 个 0）个微小粒子，也就是所谓的"分子"。

我们甚至无法想象这是一个怎样的数字。如果世界上的人数是这么多的话，那地球是肯定容不下的。事实上，包括陆地和海洋在内的地球表面积是 500 兆平方千米，即：

$$500\ 000\ 000\ 000\ 000\ \text{平方米}$$

用 27 百亿亿除以这个数字，我们得到 54 000。这意味着地球上每平方米的面积要容纳 5 万多人！

之前我们提过，人类的身体也存在着天文数字。以我们的血液为例，如果我们在显微镜下观察一滴血，就会发现，它里面有大量的红颜色的微小细胞，血液呈现的也正是这种细胞的颜色。每一个这样的"红血细胞"形似圆形的小枕头，中间下凹（图 7-4）。

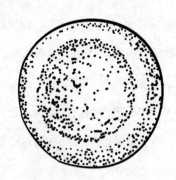

图 7–4 红血细胞

人体内的红血细胞的体积几乎都相同，直径大约是 0.007 毫米，厚度是 0.002 毫米，数量巨大。每立方毫米的血液里有 500 万个红血细胞。那它们在我们每个人的身体里的数量是多少呢？

一般来说人体自身血液总量是人体重量的 1/14，如果您的体重是 40 千克，那您身体里的血液为 3 升左右，或者 3 000 000 立方毫米。因为每立方毫米的血液里含有 500 万个红血细胞，那血液里红血细胞的数量为：

$$5\ 000\ 000 \times 3\ 000\ 000 = 15\ 000\ 000\ 000\ 000$$

15 万亿个红血细胞！

如果把它们一个挨一个排列起来，那这些小圆圈连起来后的长度是多少呢？

不难计算，这个长度是 105 000 千米。也就是您血液里所有红血细胞可以排成一个 10 万多千米的队列。这个长度可以绕地球赤道

$$105\ 000 : 40\ 000 = 2.6\ 圈$$

成人血液里红血细胞排列起来的长度可以绕地球赤道 3 圈。

我们解释一下，这么多表面凹陷的红血细胞对于我们人体有什么意义。这

些细胞的功能就是给人体运输氧气。当血液流经肺部时，红血细胞与氧气结合，当血液带着氧气流经人体组织或者肺部距离较远的部位时，红血细胞释放出携带的氧气。红血细胞表面的凹陷有助于它实现运输功能，因为在数量很多的情况下，红血细胞的表面凹陷越明显，它们的表面积就越大，而红血细胞无论是摄入氧气，还是分解氧气，都是通过细胞的表面进行的。

　　计算表明，人体全部的红血球的表面积总和要比人体表面积大很多倍，大约等于 1 200 平方米。这就相当于一个长 40 米，宽 30 米的菜园的面积。现在您明白了，红血细胞的小体积和庞大数量对于我们人体的重要性了吧！它们用比我们人体体表面积大上千倍的细胞表面摄入和分解氧气。

　　如果您计算平均寿命 70 岁的人一生所消耗的食物，那么得出的结果也是一个很大的数字，简直就是天文数字。

　　需要一整列火车来运输一个人在一生消耗掉的食物，包括成吨的水、谷物、肉、野味、鱼肉、土豆和其他蔬菜、几千个鸡蛋、几千升牛奶，等等。图 7-5 直观地展示了人一

10 000 升水，2 000 千克肉，1 000 千克油，4 000 千克鱼肉，7 000 千克谷物，5 000 个鸡蛋，5 000 千克土豆，500 千克盐，3 000 升牛奶，500 千克糖。还有蔬菜、罐头、水果、茶、奶酪、咖啡等等。

图 7-5　人一生吃多少食物？

生中摄入的食物量，难以想象，这要比人自身的体重重上千倍。在看到这张图时，无法相信一个人吃下（当然，不是一次吃的）的食物总量竟是这么庞大的一个数字，相当于装满一列货运火车的食物。

第八章

没有量尺

1. 用脚步丈量

我们手边不可能一直都放着量尺或者卷尺，因此学会在不使用尺子的情况下进行测量，哪怕是近似测量也很有用处。

测量比较长一点的距离时，比如，在旅行途中，用脚步测量更简单一些。为此，您只需要知道自己的步长，并且数好步数就可以了。当然，步数的长短并不总是相同，我们有时候走小步，有时候又愿意走大步。但是，在正常走路的情况下，我们脚步的长度差不多是相同的，如果知道它们的平均长度，就可以在误差较小的情况下用脚步测量出距离。

要想知道自己的平均步长是多少，就必须测量出很多步数的总长，然后除以步数得出每步的平均长度。当然，这里的测量必须借助尺子或者测绳等工具进行。

在平整的地面上拉开卷尺，然后测量出 20 米的距离。在地上做出标记后把卷尺收起来。现在以正常的脚步沿着这条线走，数着一共走了多少步。有可能以整步走完的距离会超过标出的距离，如果多出来的距离短于半步的长度，那就可以忽略不计，如果长于半步的距离，便可以看作一整步。用总长 20 米除以步数，就得出每步的平均长度。记住这个数字，便于以后遇到需要用步数测量的情况下使用。

为了在数步数的时候不出错，尤其是在测量远距离的时候，可以采用以下方法进行计数。数步数时只数到 10 步，每次数到 10 就弯曲左手的一根手指，当左手的所有手指都弯曲后，也就是走了 50 步后，弯曲一根右手的手指。这样可以计数到 250 步，这一轮结束后可以再重新开始一轮，需要记住右手所有手指一共弯曲了多少次。例如，经过一段距离后，您弯曲了两次右手的所有手指，而在终点时，您右手上有 3 只手指处于弯曲状态，而左手有 4 只也处于弯曲状态，那么您走的步数就等于：

$$2\times250+3\times50+4\times10=690 \text{ 步}$$

这里还需要加上您在最后一次弯曲左手手指后继续走的几步。

顺便提一下下面这条常见的规律：成年人的平均步长大约等于他眼睛距离地面高度的一半。

另外一条实用的规律是和步行速度有关的：人 1 小时内走的千米数和他在 3 秒内走的步数相同。简单来说，这个规律仅适用于步长一定且较大的人。假设步长为 x 米，3 秒内走的步数等于 n，那行人在 3 秒内走的距离为 nx 米，1 小时（3 600 秒）内走的路程为 1 200nx 米或者 1.2nx 千米。如果这段路程等于 3 秒内的步数，那么下列等式成立：

$$1.2nx=n$$

或者

$$1.2x=1$$

由此可以得出：

$$x=0.83 \text{ 米}$$

如果上条步长和人的身高关系的规律正确的话，那现在看的第二条规律只适用于身高 175 厘米左右的人。

2. 活的刻度尺

手边没有量尺或者卷尺，但是需要丈量中等长度的物品时，可以这样做：伸直一条胳膊，用手抓住绳子或者木棍的一端，然后拉直绳子或者木棍到另一侧肩膀的位置，对于成年男性来说，这个长度大约为 1 米。另一种获得大约 1 米长度的方法如下：在直线上截取 6 俄丈，也就是说 6 段大拇指和食指之间最大的距离（图 8-1.a）。第二种方法涉及了"裸手"测量的方法，为了使用该种方法必须提前测量自己手的尺寸并牢记测量结果。

那测量自己的手时到底要测量哪些数据呢？首先要量手掌的宽度，如图 8-1.б所示。成年人的手掌宽度大约等于 10 厘米；你们的手掌宽度更小些，但是你们应该知道，这个数据比成人的到底小多少。还需要测量中指指尖和食指指尖的最大距离（图 8-1.в）。从大拇指根部算起的食指的长度也非常有用（图 8-1.г）。最后，还需要知道手掌伸开时大拇指指尖和小拇指指尖的距离，如图 8-1.д 所示。

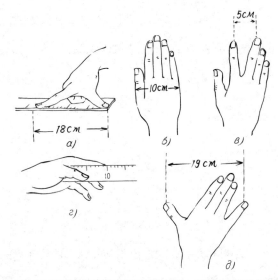

图 8-1　为了在缺乏量尺的情况下完成测量，需要知道手上的哪些数据

了解了这些"活的刻度尺",你们就可以对小件物品做出近似测量。

3. 借助硬币进行测量

我们现在铸造的铜(青铜)币也可以为我们的测量提供很好的帮助。并不是很多人都知道下列数据:1 戈比硬币的直径等于 1.5 厘米,5 戈比硬币的直径等于 2.5 厘米,所以两个硬币并排摆放后的宽度就等于 4 厘米(图 8-2)。

图 8-2　放在一起的 5 戈比和 1 戈比的硬币宽度等于 4 厘米

如果您手里有几个铜币,那么可以很准确地得到以下数据:

1 戈比……………………………1.5 厘米

5 戈比……………………………2.5 厘米

两个 1 戈比………………………3 厘米

一个 1 戈比和 1 个 5 戈比…………4 厘米

两个 5 戈比厘米…………………5 厘米

等等

用 5 戈比硬币的宽度减去 1 戈比硬币的宽度刚好得到 1 厘米的长度。

如果您手里没有 5 戈比和 1 戈比的硬币,只有 2 戈比和 3 戈比的,那这些硬币也可以在一定程度上为您提供帮助，前提是要记住把这样的两枚硬币并排放在一起后，得到的长度也是 4 厘米（图 8-3）。把一个 4 厘米的纸条对折一次后再对折一次，您就会得到一个 4 厘米的长度[1]。

图 8-3　放在一起的 3 戈比和 2 戈比的硬币宽度等于 4 厘米

您看，在提前做好准备并学会随机应变的情况下，即使不使用量尺您也可以进行有效的实际测量。

还需要补充一点有用的内容：我们的铜（青铜）币不仅可以代替测量长度的刻度，还可以在称重时起到砝码的作用。现在流通的、新的、未磨损的铜币的重量和它们的面值相同：1 戈比硬币重 1 克，2 戈比硬币重 2 克等。使用过的硬币重量会稍微偏离这些数据。由于在日常生活中手边常常没有重量为 1~10 克的砝码，所以上述内容具有很大的实用性。

──────────────

[1]　15 戈比硬币的直径近似等于 2 厘米，只是近似，这种硬币的精确直径长度是 19.56 毫米。此外，我们前面列举的都是现代铜币尺寸的精确数据。有卡尺的读者经过测量就会相信这一点。

第九章

几何题目

　　要解决本章节里的题目，不用学完所有的课程，只需要掌握基础的几何知识就可以了。这里出现的 24 道题目可以帮助读者验证一下，他们是否真正掌握了自己认为已经掌握了的几何知识。

　　对几何的真正理解不在于是否会列举图形的特征，而在于能否运用它们处理实际问题。武器对于不会射击的人来说有什么用处呢？

　　就让读者来检查一下他在几何问题上的 24 次射击有多少次能击中目标吧。

1. 手推车

　　为什么手推车的前轴比后轴更容易被磨损和磨亮？

2. 放大镜

　　如果用一个能放大 4 倍的放大镜观察一个角，看到的角是多少度（图 9-1）？

图 9-1　从放大镜里看到的角是多少度？

3. 木工水平尺

您应该知道这种带有气泡的水平尺（图9-2），当水平尺发生倾斜时，气泡就会从中间位置移动到一侧。倾斜的角度越大，气泡偏离中心的程度就越大。

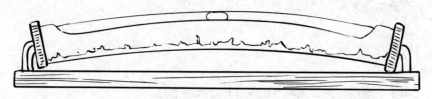

图9-2　木工水平尺

气泡运动的原理在于气泡本身的质量轻于它所在的液体质量，所以一直漂浮在较高的位置。但是如果水平仪的水准管是平直的，那在极小的倾斜角度下气泡就会浮在两端，也就是说水准管的最高位置处。很容易理解，这样的水平尺不具备实用性。因此水准管都被做成图9-2中的弯曲形状。水平尺处于水平位置时，水准管里处于最高点的气泡就停留在中间位置，当水平仪发生倾斜时，水准管里的最高点便不再是中间位置，而是旁边相邻的一点，气泡便从原来中心所在的位置移动到别处 [1]。

问题：如果水平尺倾斜了半度，水准管曲率半径为1米，那气泡偏离了中心多少毫米？

---

[1]　准确来说是"中心偏离气泡"，因为气泡仍留在原位，是标有中心点的水准管发生了倾斜和移动。

4. 面的数量

毫无疑问，这个问题对于很多人来说要么显得很幼稚，要么恰恰相反，很费解。

六面铅笔共有多少个面呢？

在查看答案前，请认真思考一下这个问题。

5. 月牙

用 2 条直线把月牙图形（图 9-3）分成 6 部分。

应该怎么分呢？

图 9-3　月牙

6. 12 根火柴

用 12 根火柴摆成一个十字（图 9-4），使其面积等于 5 个边长为 1 根火柴的正方形面积之和。

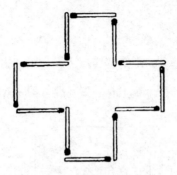

图 9–4　12 根火柴摆成的十字

　　请移动火柴的位置，使得新图形的面积等于 4 个边长为 1 根火柴的正方形面积之和。

　　移动过程中不能使用测量工具。

7. 8 根火柴

　　用 8 根火柴可以拼成很多不同形状的封闭图形。其中一些如图 9–5 所示，当然，这些图形的面积也不尽相同。

　　要求：用 8 根火柴拼成面积最大的图形。

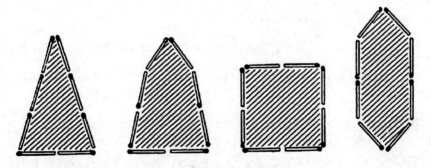

图 9–5　如何用 8 根火柴拼成面积最大的图形？

8. 苍蝇的路线

圆柱形玻璃罐的内壁上，距离容器上边缘 3 厘米的地方有一滴蜂蜜，在容器另一侧与蜂蜜相对的外壁位置上有一只苍蝇（图 9-6）。

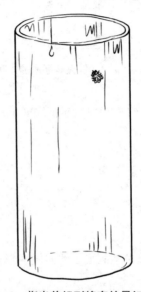

图 9-6　指出苍蝇到蜂蜜的最短路线

请指出苍蝇到蜂蜜的最短路线。

罐子高 20 厘米，直径是 10 厘米。

不要指望苍蝇自己可以找到最短路径来帮助您解决问题，这个题目所要求的几何知识对于苍蝇的脑袋来说过于复杂。

9. 找塞子

您面前是一个有 3 个孔的小木板（图 9-7），3 个孔的形状分别是正方形、三角形和圆。是否有这样一个塞子，可以堵住这三个不同形状的缺口？

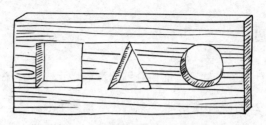

图 9-7 找出适用三个缺口的塞子

10. 第二个塞子

如果您已经完成了第一个题目，那或许您也可以找到一个可以堵住图 9-8 中的缺口？

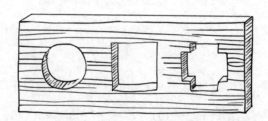

图 9-8 是否存在一个塞子可以堵住这样的三个缺口？

11. 第三个塞子

最后一个类似的题目：是否存在一个可以堵住图 9-9 中三个缺口的塞子？

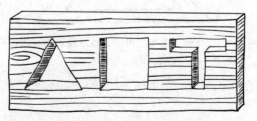

图 9-9 是否可以用一个塞子堵住三个缺口？

12. 五戈比过圆孔

准备两枚现代流通的硬币，面值分别为5戈比和2戈比。在纸上画一个圆，使它的周长等于2戈比硬币的周长，然后小心地剪下来。

您是否认为，5戈比的硬币可以穿过这个纸上的圆孔？这里没有小技巧，题目纯属几何问题。

13. 塔的高度

我们的城市里有一处名胜古迹——高塔。您不知道这座塔的具体高度，但手里的明信片上有这座塔的照片。怎样通过这张照片来计算塔的高度呢？

14. 相似图形

该题目适用于那些掌握相关几何知识的读者。请回答以下两个问题：

（1）绘图用的三角板（图9-10）中，外部三角形和内部三角形是否具有相似性？

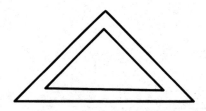

图 9-10　外部三角形和内部三角形是否具有相似性？

（2）框架（图9-11）中，外部四边形和内部四边形是否具有相似性？

图 9-11 外部四边形和内部四边形是否具有相似性？

15. 电线的影子

在晴天，直径为 4 毫米的电线在空间里投射的本影有多长？

16. 砖

一块建筑用砖重 4 公斤，现用相同材料制作一块玩具砖，建筑用砖的所有尺寸均是玩具砖的 4 倍，请问玩具砖的重量是多少？

17. 巨人和小矮人

巨人和小矮人的身高分别是 2 米和 1 米，那巨人的体重是小矮人的多少倍？

18. 两个西瓜

有人卖两个大小不同的西瓜。一个西瓜比另外一个宽，但是价格却是另外一个的 1.5 倍。买哪个西瓜更划算?

19. 两个甜瓜

出售两个同样品种的甜瓜，一个甜瓜的周长是 60 厘米，另外一个的周长是 50 厘米。第一个甜瓜的价格是另外一个的 1.5 倍。买哪个更划算?

20. 樱桃

樱桃的果肉包裹着果核，果肉的厚度与果核的厚度相同。我们假设樱桃和果核都是球形。您能否计算出樱桃果肉的体积是果核体积的多少倍?

21. 埃菲尔铁塔模型

巴黎的埃菲尔铁塔高 300 米，全部由铁制成，一共消耗了 8 000 000 千克的铁。

我想定制一个重量为 1 千克的铁制埃菲尔铁塔模型，它的高应是多少呢? 做出来的模型是否会有水杯高呢?

22. 两口锅

有两口形状和厚度相同的铜锅，一口锅的体积是另外一口的 8 倍。那它比另外一口重多少?

23. 严寒

在严寒中站着一个成年人和儿童，他们穿着同样的衣服。他们中的哪个人更容易感到冷？

24. 糖

一杯砂糖和一杯块糖，哪个更重？

1~24 题答案

1. 乍看这个题目似乎不属于几何范畴。但这恰恰也说明了只有掌握这门科学，才能够发现隐藏在其他细节里的几何问题。我们的这个题目实质上就是几何问题，不懂几何知识就无法解决它。

那么，为什么前轴比后轴更容易磨损呢？大家都知道，前轮的尺寸比后轮小，此外，相同的距离小圆转的圈数要多于大圆转的圈数，由于小轮子的周长更短，所以它在相同的距离内转动的次数更多。现在我们就知道了，在使用中，手推车的前轮要比后轮转动更多的圈数，因此车轴更容易受到磨损。

2. 如果您认为，通过放大镜我们观察到的角将是 1.5°×4=6°，那您就没有射中靶子。通过放大镜观察角的时候角的大小并不会发生变化。当然，放大镜会放大角的边长和弧线，但是不管角的两条边长增加多少，它们的夹角都是不会发生变化的，如图 9-12 所示。

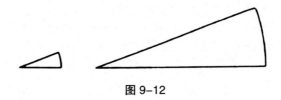

图 9-12

3. 图 9-13 中 *MAN* 是水平尺弧线的初始位置，*M'BN'* 是新的位置，弦 *M'N'* 和 *MN* 之间的夹角是 0.5°。原来在 *A* 处的气泡现在停留在原位，但是弧线 *MN* 的中心现在在 *B* 处，需要计算弧线 *AB* 的长度。如果半径等于 1 米，那弧度就是 0.5°（两个角的两边互相垂直，那么这两个角相等或者互补）。

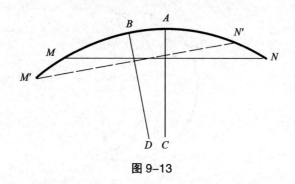

图 9-13

不难算出，半径为 1 米（1 000 毫米）的圆的周长为 2×3.14×1 000=6 280 毫米，又因为圆是 360°，相当于 720 个半度，所以每半度的弧长就等于：

$$6\ 280 : 720 = 8.7\ 毫米$$

那气泡大约偏离中心（中心偏离气泡更准确）9 毫米，将近 1 厘米。很容易看出，水准管的曲率半径越大，水平尺的精度越高。

4. 这个题目并不可笑，它反而暴露了普通用词里出现的错误。不像很多人认为的，"六面"铅笔有 6 个面。其实一支未削过的六面铅笔一共有 8 个面，包括 6 个侧面和 2 个小的底面。假如一支铅笔只有 6 个面的话，那它将会是另外一种形状：有着四边形截面的小木条。

忽略底面，只数棱柱体的侧面是一个很常见的错误。很多人都会叫"三面"棱柱、"四面"棱柱等。其实应该按照底面形状称它们为三角棱柱、四角棱柱等。甚至都不存在三面棱柱，也就是有三个面的棱柱。

因此，我们题目里铅笔的正确叫法应该是六角铅笔，而不是六面铅笔。

5. 如图 9-14 所示月牙被分割成了 6 部分，为了结果更加直观，图中标上了相应的序号。

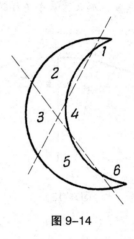

图 9-14

6. 可以按照图 9-15 摆放火柴，这个图形的面积就等于 4 个边长为 1 根火柴的正方形面积之和。如何验证呢？

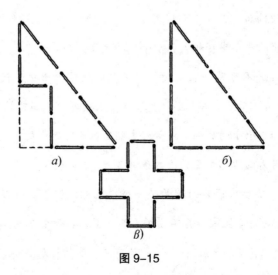

图 9-15

我们可以在脑海中把这个图形补充为一个直角三角形。底边长等于 3 根火柴的长度，高是 4 根火柴[1] 的长度，那这个三角形的面积就等于高和底边乘积的一半：

$$\frac{1}{2} \times 3 \times 4 = 6$$

也就是 6 个边长为 1 根火柴的正方形面积之和（15.6）。很容易看出，我们图形的面积比直角三角形面积少了 2 个边长为 1 根火柴的正方形面积之和，所以这个图形的面积是 4 个边长为 1 根火柴的正方形面积之和。

7. 可以证明，所有周长相等的图形中，圆的面积最大。当然，用火柴无法拼出圆，但是可以用 8 根火柴拼出接近圆的图形，也就是正八边形（图 9-16）。正八边形就是符合我们题目要求的图形，它的面积最大。

图 9-16

8. 为解决这个问题，我们可以把圆柱罐的侧面展开成一个平面图形，得到一个宽为 20 厘米的矩形（图 9-17），矩形的长就等于罐子底面的周长，也就是 $10 \times 3\frac{1}{7} = 31\frac{1}{2}$ 厘米（近似值）。我们在这个矩形里标记蜂蜜和苍蝇的位置。苍蝇在 A 点，在距离底边 17 厘米的位置，蜂蜜在 B 点，高度同样为 17 厘米，

[1]　知道《勾股定理》的读者肯定明白我们为什么说这里的三角形是直角三角形：$3^2 + 4^2 = 5^2$。

AB 间的距离等于罐子底面周长的一半，也就是 $15\frac{3}{4}$ 厘米。

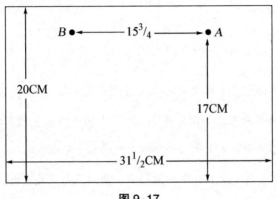

图 9-17

我们可以通过以下方式找出苍蝇爬行过程中经过罐子边缘上的一点。从 B 点（图 9-18）画一条与矩形的顶边垂直的线，与顶边相交后延长该直线得到点 C，用直线连接 AC 两点。通过所学的几何知识，我们知道 D 点是苍蝇爬到罐子另一侧所经过的点，ADB 就是最短的路线。

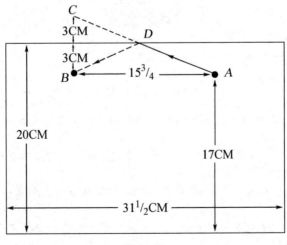

图 9-18

在展开的矩形上找到最短路线后，再把它卷成圆柱体就可以知道苍蝇怎样才能最快爬到蜂蜜所在的位置上（图9-19）。

图9-19

至于苍蝇是否会在该情况下选择这条路线，我无法知晓。也许，在嗅觉的引领下，苍蝇确实会沿着最短路线行进，但是可能性不是很大，因为在这种情况下，嗅觉并不是最准确的感官知觉。

9. 存在可以满足条件的塞子。它的形状如图9-20所示。很容易看出，这样的一个塞子确实可以覆盖正方形、三角形和圆形。

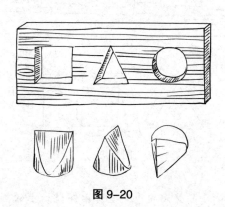

图9-20

10. 图 9-21 中的塞子可以堵住三个分别为圆、正方形和十字形的缺口。示意图从三个角度展示了塞子形状。

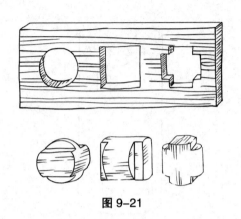

图 9-21

11. 也存在这样的一个塞子，您可以在图 9-22 中观察它的三个不同的面。

（这些题目是制图员在根据三个"投影图"确定机器零件形状时常常需要解决的问题。）

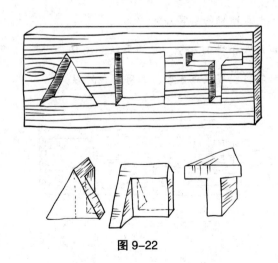

图 9-22

12. 不管多么奇怪，5 戈比硬币完全可以穿过纸上的圆孔。但是需要正确操作，把纸折弯，使得圆孔伸展成一条直缝（图9-23），5戈比通过这条缝隙穿过纸张。

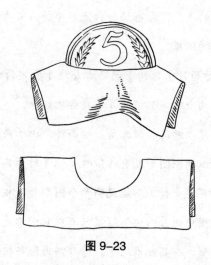

图9-23

几何计算可以帮助我们解决这道看似复杂的题目。2戈比硬币的直径为18毫米；很容易计算出它的周长是56毫米（多）。很明显，直缝的长度等于圆孔周长的一半，因此等于28毫米。同时，五分钱硬币的直径仅为25毫米；也就是说，即使把硬币的厚度（$1\frac{1}{2}$毫米）也考虑进去，它也可以通过28毫米的缝隙。

13. 为了通过照片确定塔的真实高度，首先要尽可能精确地测量照片上塔的高度以及其底部的长度。假设照片中塔的高度为95毫米，底部长度为19毫米。然后您再测量实物的底部长度，假设塔底部的真实长度是14米。

可以推理：照片中的塔和实物具有几何相似性。

因此，图片中塔的高度和底边的比例就等于实物塔的高度和底边的比例。照片中的比例为95：19，也就是5：1；由此可以得出，塔的高度是底边长的5

倍，就等于 14×5=70 米。

这样，城市里塔的高度就是 70 米。然而，需要指出的是，不是所有照片都可以被用来判断塔的高度，没有经验的摄影师拍出来的比例失真的照片就不能作为推算实物尺寸的依据。

14. 通常，大家对题目中的两个问题都是给予肯定的回答。但实际上，只有三角形是相似的，两个四边形框架并不具备相似性。

角的大小相同就可以满足相似三角形的条件。由于内部三角形的边平行于外部三角形的边，所以两个图形具有相似性。但是对于其他多边形来说，仅仅角度相等（或仅仅对应边平行）不能说明两个图形具有相似性，还需要满足对应边成比例的条件。图中内外四边形框架只有在它们都是正方形（菱形）的情况下才能成为相似图形，在其他情况下，外部四边形与内部四边形的对应边无法达成一定的比例，所以图形不具备相似性。

图 9-24 中有宽边框的四边形框架明显缺乏相似性，左边框架中外部边长之间的比例是 2:1，内部边长是 4:1；右边框架里外部边长的比为 4:3，内部边长的比是 2:1。

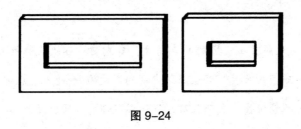

图 9-24

15. 很多人都没有预料到解决本题需要用到天文学的知识，包括地球和太阳的距离以及太阳的直径问题。

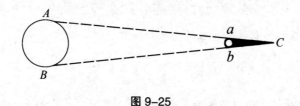

图 9-25

可根据图 9-25 中的几何图来确定电线本影的长度。不难看出，阴影和电线直径的比例等于日地距离（150 000 000 千米）和太阳直径的比（1 400 000 千米）。第二个比值约等于 107（取整数）。那么电线在空间中投射的本影长度等于：

$$4 \times 107 = 428 \text{ 毫米} = 42.8 \text{ 厘米}$$

本影的长度很小，是因为有部分投在地上或者房屋墙壁上的影子是看不见的。这里用虚线标出的不是本影，而是半影。

该题目的另一种解法可以参考第 8 题。

16. 如果回答玩具砖重 1 公斤，即仅减轻的重量，那就犯了严重错误。要知道玩具砖不仅比建筑用砖短了，而且还窄了，薄了。因此，建筑用砖的体积和重量就是玩具砖的 $4 \times 4 \times 4 = 64$ 倍。

所以正确答案是：一块玩具砖重 4 000∶64=62.5 克。

17. 您现在已经做好解答这道题的准备了吧。由于人的身材大致相同，所以如果一个人的身高是另外一个人的 2 倍，那他的体积应该是另外一个人的 8 倍，所以，巨人的体重应该是小矮人的 8 倍。

据记载，一位阿尔萨斯居民是世界上最高的巨人之一，他的身高达到了 275 厘米，比人类平均身整整高出了 1 米，世界上最矮的人的身高不到 40 厘米，也就是说它的身高仅是阿尔萨斯巨人的（取整数）。所以，如果把阿尔萨斯巨人放在天平的一端，那另一端应放上 $7 \times 7 \times 7 = 343$ 个，也就是一群矮人。

18. 大西瓜的体积是小西瓜的：

$$1\frac{1}{4} \times 1\frac{1}{4} \times 1\frac{1}{4} = \frac{125}{64}$$

几乎是 2 倍了。所以买大西瓜更加划算，虽然它的价格是小西瓜的 1.5 倍，但是它的果肉却接近小西瓜的 2 倍。

然而，对于这样的大西瓜，为什么售货员通常不定两倍的价格，而是 1.5 倍的价格呢？其实这个很好解释，因为大多数的售货员并不是特别懂几何知识。此外，顾客的几何知识也不怎么样，因此会经常拒绝掉划算的交易。可以很肯定地说，大西瓜比小西瓜买起来更划算，因为它们的价格总是低于真正的价值，然而大多数的买家并不相信这一点。

同样的道理，如果不是按重量计价的话，买个头大的鸡蛋比买小的鸡蛋更划算。

19. 周长和直径有关，如果一个甜瓜的周长是 60 厘米，另一个的周长是 50 厘米，那它们直径的比就等于 $60:50 = \frac{6}{5}$，它们体积的比就是：

$$\left(\frac{6}{5}\right)^3 = \frac{216}{125} = 1.73$$

如果按照体积（或者重量）计价的话，大甜瓜的价格应该是小甜瓜价格的 1.73 倍，换言之，应比小甜瓜贵 73%。而要求的价格仅比小甜瓜的贵了 50%，所以买大甜瓜更划算。

20. 根据题目中的条件可知，樱桃的直径是果核直径的 3 倍，所以樱桃的体积是果核体积的 $3 \times 3 \times 3$，也就是 27 倍，那果核的体积就占整个樱桃体积的 $\frac{1}{27}$，果肉占剩下的 $\frac{26}{27}$。所以，果肉的体积是果核体积的 26 倍。

21. 如果实物的重量是模型重量的 8 000 000 倍，且两者由同种材料制成，那实物的体积应该是模型体积的 8 000 000 倍。我们已知，这类物体的体积之比等于高度之比的立方，所以实物高度是模型高度的 200 倍，因为：

$$200 \times 200 \times 200 = 8\ 000\ 000$$

实物的高度是 300 米，可以得出模型的高度等于：

$$300 : 200 = 1\frac{1}{2}\text{米}$$

模型的高度几乎达到一个人的身高了。

22. 两口锅具有几何相似性。如果大锅的体积是小锅的 8 倍，那它所有的线性尺寸均是小锅的 2 倍：它的高是小锅的 2 倍、两边的宽也分别是小锅的 2 倍。

既然它的高和宽都是小锅的 2 倍，而相似几何的面积之比等于边长比的平方，所以大锅的面积就是小锅的 2×2，也就是 4 倍。在锅壁厚度一样的情况下，重量取决于表面积的大小。所以我们可以得出，大锅的重量是小锅的 4 倍。

23. 这个题目看似不属于数学范畴，但是实质上就是上题所用到的几何推理问题。

在解决这道题之前，我们先看几道类似、但是稍微简单一些的题目。

在两个大小不同，但是材质和形状都相同的锅炉（或茶炊）里装满沸水，哪个容器里的水冷却得更快？

物体主要通过表面进行散热冷却，所以，单位体积内面积最大的那口锅里的液体冷却地更快。如果一个锅的高和宽都是另外一口锅的 n 倍，那它的面积就是另外一口锅的 n^2 倍，体积是另一口锅的是 n^3 倍，那大锅每单位面积所对

应的体积是小锅的 n 倍，所以小锅里的水更容易冷却。

同样的道理，处在严寒中的儿童要比同样穿着的成年人更容易觉得冷：两人每平方厘米身体上的热量是大致相同的，但是儿童每平方厘米身体对应的散热面积要比成年人大。

同样，由于表面积相对于体积过小，我们手指和鼻子比其他身体部位更容易受冷。

属于这个类型的还有另外一个问题：为什么由劈柴劈成的木片比粗的劈柴块本身更容易燃烧呢？

因为温度的增加是从表面开始，然后扩展到整个物体上，所以应该比较具有相同长度或者具有相同截面的木片和劈柴的表面积和体积，以便确定两种情况下每立方厘米体积所对应的面积。

如果劈柴的厚度是木片的 10 倍，侧面积也是木片的 10 倍，那么它的体积就是木片的 100 倍。因此，木片每单位面积对应的体积要是劈柴的十分之一，也就是说同样的温度加热的木片体积是劈柴体积的 10 倍，所以热源相同的情况下，木片比木柴更容易被点燃。

（由于木柴的导热性比较差，所以比例关系均为近似比例，它们只表示总体情况，不具备定量特性。）

24. 认真思考后，我们会发现这道看似很费解的题目其实很简单。为了方便，我们假设块糖的直径是砂糖直径的 100 倍。现在想象一下，假如砂糖的直径和装砂糖的杯子同时增加 100 倍，那杯子的容量就是原来容量的 $100 \times 100 \times 100$，也就是 100 万倍，那它装的糖的重量也是原来重量的 100 万倍。现在想象倒出一杯用正常杯子装的变大后的砂糖，那这杯砂糖的体积就是巨杯容量的百万分之一。当然，这杯砂糖的重量还等于用正常杯子装的一杯普通砂糖的重量。所以，我们倒出的变大后的砂糖到底是什么呢？不是别的，正是块糖。也就是说，一杯砂糖的重量和一杯块糖的重量是相同的。

如果我们不是把砂糖直径放大 100 倍，而是放大 60 倍或者其他的倍数，那结果都是一样的。思考的重点在于，要把块糖看作与砂糖具有几何相似且摆放状态相同的物品。当然，这种假设虽然不是很精确，但是很接近事实（该条件仅针对块糖，而非方糖）。

第十章

和雨雪有关的几何学

1. 雨量计

人们普遍认为列宁格勒（现在叫圣彼得堡）是座多雨的城市，比如，这里的雨要比莫斯科的更多。然而学者们却持有相反的观点，他们认为莫斯科全年的降水量要比列宁格勒的更多。他们为什么会得出这样的结论呢？难道可以测量出降雨带来的水量吗？

这看似是一道复杂的题目，但是实际上您自己就可以统计降水量。不要认为统计降水量就必须收集所有流到地面上的雨水。其实只需要测量在地面上形成的水层厚度就可以了，前提是这些降水没有流散或者渗入泥土里。这件事做起来一点都不困难，因为下雨的时候，雨水都是均匀地落到各个区域的，不可能一小畦雨量多，另一小畦雨量少。因此只需要测量一块区域里雨水层的厚度，就可以知道整个下雨的区域里水层的厚度。

现在您可能已经知道怎么测量地面上水层的厚度了。哪怕找一小块区域，并且确保这个区域里的雨水不会流走或者渗入地下。为此需要一个敞开的容器，例如桶。如果您有一个圆柱形水桶（上下口径相同），在下雨时把它放到空旷的地面上 [1]，当雨停的时候，测量桶里收集到的雨水高度，这样您就可以

---

[1]　为防止落到地面上的水溅入桶内，应该把桶放在稍高一点的位置上。

得到统计降水量所需要的数据。

我们具体看怎么使用自制的"雨量计"。怎么测量桶里水的高度呢？在水里插入量尺吗？这个方法只适合桶里有很多水的情况。正如常常遇到的，如果桶里的水位不到 2~3 厘米甚至只有几毫米，那么使用这种方法就不能精准地测量出水层高度。因为这种情况下每一毫米，甚至是十分之一毫米的水位都对整个统计结果有很大影响。那应该如何测量呢？

最好是把水倒入一个比较细的玻璃容器里，这样水在容器里的水位就会更高，并且通过透明的玻璃很容易观察到水的高度。您知道，在细容器里的水位高度并不是我们需要测量出的水层高度。但是转换测量结果对我们来说很容易做到。假设所用水桶底部的直径是细容器底部直径的 10 倍，那水桶底部面积就是细容器底部面积的 10×10 倍，也就是 100 倍。显然，玻璃容器里水的高度应该是水桶里的 100 倍。这意味着如果水桶里水层高 2 毫米，那玻璃容器里的水层高就等于 200 毫米，也就是 20 厘米。

通过以上换算您就会发现，选择的玻璃容器不用比"雨量桶"窄太多，否则里面的水就太高了。用底部直径为水桶底部直径的玻璃容器就可以了。这样的话水桶底部面积就是玻璃容器底部面积的 25 倍，玻璃容器里的水位也就是水桶里水位的 25 倍，水桶里 1 毫米的水层厚度对应玻璃容器里 25 毫米的水层厚度。因此，最好在玻璃容器的外壁上贴上纸条，每隔 25 毫米画上一格，分别用数字 1、2、3 等表示出来。这样，看着玻璃容器里水的高度，您就可以直接知道对应的水桶里的水层厚度。如果水桶底部直径不是细容器的 5 倍，而是，如 4 倍，那就在玻璃容器上每隔 16 毫米做个标记，以此类推。

由大桶边缘里向细的测量容器里倒水非常不方便，最好在水桶的桶壁上打个圆形的小孔，插入一根有孔的玻璃管，通过玻璃管引流会比较方便。

　　这样，您就拥有了所有测量水层厚度所需要的装备。当然，桶和自制容器测量出来的结果没有气象站使用真正的雨量计和量杯测出的精确，但是这些最简单便宜的仪器也足以帮助您完成许多具有启发意义的计算了。

　　我们接下来进行计算。

2. 有多少雨？

　　有一个长 40 米，宽 24 米的菜园，下了一场雨，您想知道有多少雨水渗入了菜园里，怎么计算？

　　当然，还是需要从确定地面上雨水层的厚度开始，没有这个数据就无法进行计算。假设您自制的雨量计显示，降雨带来的水层厚度是 4 毫米，我们需要计算出，在雨水未渗入土壤里的情况下，菜园里每平方米土地上的降水量是多少立方厘米。每平方米土地的长是 100 厘米，宽也是 100 厘米，它上面的水层厚度是 4 毫米，即 0.4 厘米，那么，每平方米土地上水层的体积就等于：

$$100×100×0.4=4\ 000\ 立方厘米$$

　　已知，每立方厘米的水重 1 克，那菜园里每平方米的降水就重 4000 克，即 4 千克。菜园的总面积为：

$$40×24=960\ 平方米$$

　　所以，菜园里降水量为：

$$4×960=3\ 840\ 千克$$

取整数的话就约等于 4 吨。

　　为了使得到的结果更具直观性，您可以计算您需要给菜园浇多少桶水，才能保证浇的水量和这场降雨带来的水量相同？普通的桶可以装 12 千克水，所以这次的降水可以装满：

$$3\,840 : 12 = 320\ 个桶$$

这样，您就需要给菜园浇 300 多桶水，才能取代可能仅持续了 15 分钟的降雨所带来的水量。

如何用数字表示大雨和小雨呢？为此需要确定在一分钟内降落到地面的雨水厚度（即水层厚度），也就是"降水强度"。如果每分钟的平均降雨量等于 2 毫米，那这就是特大暴雨；如果是秋日的绵绵细雨，积累 1 毫米的水量可能就需要 1 小时或者更多时间。

正如您所看到的，降水量不仅可以测量，而且测量工作也不是很复杂。并且，如果您愿意的话，还可以计算降水中大概包含多少颗雨滴[1]？实际上，在普通的降雨中，平均 12 颗雨滴的重量等于 1 克，所以我们前面提到的菜园里每平方米土地上的水滴数量等于：

$$4\,000 \times 12 = 48\,000\ 颗$$

因此还可以计算出所有落到菜园里的雨滴数量。计算菜园里的雨滴数量很有趣，但是没有太多的实际用处，我们这里提到它只是想向大家说明，只要我们掌握方法，我们就可以完成那些看似不可能完成的计算。

3. 有多少雪？

我们现在已经学会了测量降水量，那怎么计算冰雹带来的降水呢？也是同样的方法，落入您的雨量计里的冰雹融化后就变成了水，您通过测量水层厚度就可以得到需要的数据。

测量雪带来的降水量就要使用另外一种方法。这里如果用雨量计测量，得

---

[1]　雨水通常是一滴滴坠落的，虽然有时候我们看到的是接连不断的柱状水流。

到的结果就不够准确，因为雪在向桶里降落的过程中，有一部分会被风吹走。但是在测量雪带来的降水时可以不借助任何雨量计，直接用木尺（尺子）测量落在院子里、菜园里、田野里的雪层厚度就可以了。另外，利用之前的经验便可以测量雪融化后得到的水层厚度：装一桶雪，并保持雪在自然状态下的疏松度，雪融化后标出水层高度即可。这样您就可以知道，每厘米高的雪层融化成多少毫米的水层，然后将雪层厚度转化为水层厚度就很容易了。

如果在温暖季节时您每天都测量降雨量，寒冷季节时测量降雪量，那么您就会知道您所在区域一整年的降水量。这是衡量地方平均降水量的一个重要参数。（降水指以各种形式降落的水，包括雨、冰雹、雪等带来的水量。）

以下是几个苏联[1]城市的年平均降水量：

阿拉木图	51 厘米	库塔伊西	179 厘米
阿尔汉格尔斯克	41 厘米	列宁格勒	47 厘米
阿斯特拉罕	14 厘米	莫斯科	55 厘米
巴库	24 厘米	敖德萨	40 厘米
沃洛格达	45 厘米	奥伦堡	43 厘米
叶尼塞斯克	39 厘米	斯维尔德洛夫斯克	36 厘米
伊尔库茨克	44 厘米	塞米巴拉敦斯克	21 厘米
喀山	44 厘米	塔什干	31 厘米
科斯特罗马	49 厘米	托博尔斯克	43 厘米
古比雪夫	39 厘米		

在上面所列举的城市里，库塔伊西的年降水量最大（179 厘米），阿斯特拉罕的年降水量最小（14 厘米），仅为库塔伊西降水量的 $\frac{1}{13}$。

---

[1] 苏联已于 1991 年 12 月解体，现在这些城市名称是苏联时期的叫法。

　　但是地球上还有一些地方的降水量远比库塔伊西的降水量大。例如，印度的一个地方简直可以说是淹没在雨水里，这里的年平均降水量达到 1260 厘米，也就是 12.6 米！这里曾出现过一昼夜的降水量超过 100 厘米的纪录。

　　相反，还有一些地区的降水量比阿斯特拉罕的降水量还要小很多。例如，南美洲智利的一个地区一整年的降水量还不足 1 厘米。

　　年降水量为 25 厘米的地区被认为是干旱地区，这些地方在缺少人工灌溉的条件下无法种植谷物。

　　如果您居住的城市不在我们上述列表之内，您就需要自己测量当地的降水量。在一年的时间里耐心地测量每次降雨、冰雹和雪带来的降水量，您就会知道，按照干湿度划分的话，您居住的城市在苏联城市中处于什么位置。

　　测量出地球上各个地区的年降水量之后，就可以从这些数据中得到整个地球上的年均降水量。

　　事实证明，陆地上（海洋不在监测范围）的年平均降水量为 78 厘米。人们认为，海洋上的降水量等于相同面积陆地上的降水量，所以不难算出雨、冰雹、雪等给我们整个地球每年带来的降水量。为此，您需要知道地球的表面积是多少。

　　如果您无法得知这个数值，那您可以通过以下方法计算出这个数字。

　　已知，1 米是地球周长的 4 千万分之一，换言之，地球的周长等于 40 000 000 米，也就是 40 000 千米。任何一个圆的周长大约是其直径的 $3\frac{1}{7}$ 倍，所以可以得出地球的直径是：

$$40\,000 : 3\frac{1}{7} \approx 12\,700 \text{ 千米}$$

　　球体的表面积计算公式是直径的平方乘以 $3\frac{1}{7}$：

$$12\,700 \times 12\,700 \times 3\,\frac{1}{7} \approx 507\,000\,000\ \text{平方千米}$$

（我们从第四位数字开始写 0，因为只有前三位数字有效）。

这样，地球的表面积就等于 5.07 亿平方千米。

现在回到我们的题目上，计算地球每平方千米的表面上的降水量。每平方米或者每 10 000 平方厘米上的降水量为：

$$78 \times 10\,000 = 780\,000\ \text{立方厘米}$$

每平方千米等于 $1000 \times 1000 = 1\,000\,000$ 平方米。由此可以得出，每平方千米的降水量为：

$$780\,000\,000\,000\ \text{立方厘米，或者}\ 780\,000\ \text{立方米}$$

整个地球表面的降水量等于：

$$780\,000 \times 507\,000\,000 = 395\,460\,000\,000\,000\ \text{立方米}$$

为了把立方米的单位转化为立方千米，需要用这个数字除以 $1000 \times 1000 \times 1000$，也就是 10 亿，得到 395 460 立方千米。

这样，每年有大约 400 000 立方千米的水从大气层落到地球表面。

以上就是和雨雪有关的几何内容，更多具体信息可以在相关气象学书籍里查看。

第十一章

大洪水传说中的数学问题

1. 和大洪水有关的传说

《圣经》里收录了这样一个远古传说：天地间曾发生了一次大水，水面甚至比大山还高，整个世界都被大水淹没了。据《圣经》记载，有一天上帝"突然后悔在地球上创造了人类"，于是他说："我要把我创造的人类从地面上（地球表面上）消灭掉，我要毁灭掉所有生物，包括人、牲畜、爬虫和在空中飞的鸟类。"

上帝在计划毁灭人类时唯一顾念的是一位名叫诺亚的品行端正的人。于是上帝提前告诉了诺亚世界将会被毁灭的消息，并指示诺亚建造一艘大船（《圣经》中的说法是"方舟"）。大船的长、宽、高分别为300腕尺、50腕尺、30腕尺，共设有三层。根据上帝的指示，诺亚不仅要用这艘船救助自己的家人、自己已经成年的孩子的家人，还要救助地面上所有种类的动物。上帝命令诺亚在每种动物之中选一对雌雄带入方舟，并储备好可供长期食用的食物。

上帝计划用暴雨引起的洪水来消灭地球上所有的生物，水量应足够杀死所有的人和所有的动物。此后诺亚和家人，以及他所拯救的动物会繁衍出新的人类和动物。

《圣经》里继续讲道："7天后，地面上开始出现了洪水……大雨不停地下了40个昼夜……地面上的水不断上涨，诺亚方舟浮了起来，开始漂在水面上……水泛滥得越来越严重，把地面上的高山都淹没了，水面甚至比山顶还要高出 15 腕尺……地球表面上所有的生物都死了，只剩下诺亚和那些跟他同舟的人和动物了。"据《圣经》记载，洪水继续在地面上停留了 110 个昼夜，之后才开始消失。诺亚和他拯救的家人，以及动物一起离开了方舟，重新回到空荡荡的地面上定居。

根据这个传说我们提出两个问题：

1. 是否真的有可能发成这样的暴雨，水量足以淹没整个地球表面并超出世界上最高的山峰？

2. 诺亚方舟是否可以容纳下地面上所有种类的动物？

2. 是否有可能发生过大洪水？

这个问题就涉及数学计算了。

如果发生过大洪水的话，造成大洪水的暴雨来自哪里呢？当然，只可能来自己于大气。而暴雨带来的降水又去了哪里呢？要知道所有海洋里的水是不可能全部渗入土壤里的，当然，这个水也无法离开我们的星球。所以，这些水唯一的去处就是地球的大气层，大洪水里的水只能蒸发并进入地球的空气层里，并且这些水应该现在仍然停留在那里。这样以来，如果现在整个大气层里的所有的水蒸气都冷凝成水，并滴落到地面上，那么就又会发生一次大洪水，水将淹没世界上最高的山峰。我们来验证一下，是否会出现这样的情况。

若想知道地球的大气层里存在多少水分，我们需要查阅一下和气象有关的书籍。我们会发现，空气柱内每 1 平方米横截面面积内的水汽重量约为 16 千克，并且从来不会多于 25 千克。那我们可以计算下，所有这些水蒸气都随着降雨落到地面上后所形成的水层厚度。25 千克，即 2 500 克的水的体积为 25 000 立方厘米，这也就是面积为 1 平方米、即 100×100=10 000 平方厘米的

水层的体积。用体积除以面积，就可以得出水层的厚度为

$$25\ 000 : 10\ 000 = 2.5\ 厘米$$

由此可以得出，洪水的高度不会超过 2.5 厘米，因为大气层里没有更多的水汽了 [1]，并且这个高度只在雨水未渗入土壤里的情况下成立。

我们的计算表明，假若真的发生过大洪水灾难的话，那地面上水的高度也只有 2.5cm。这个高度和 9 千米高的珠穆朗玛峰相比，还小很多。《圣经》里的传说将洪水的高度整整夸大 360 000 倍。

这样，如果覆盖整个世界的"大洪水"真的发生过，那它根本不是大洪水，而是一场很小很小雨，连续下 40 个昼夜后的降水量才只有 25 毫米，即使是绵绵秋雨的一昼夜的降水量也要比这个数据多 20 多倍。

3. 是否有可能建成挪亚方舟？

现在我们来看第二个问题：挪亚方舟能否装得下地面上所有种类的动物？

我们先计算方舟的"居住面积"。据《圣经》记载，挪亚方舟共有三层，每层的长和宽分别为 300 腕尺和 50 腕尺。"腕尺"是古代西亚人使用的测量长度的单位，1 腕尺约等于 45 厘米，或者 0.45 米。如果换算成我们现在使用的长度单位，那挪亚方舟每层的

$$长：300×0.45 = 135\ 米$$

$$宽：50×0.45 = 22.5\ 米$$

---

[1] 在地球上的很多地方一次降雨的降水量就会超过 2.5 厘米，这些水分不仅来自这个地区上方的空气，还有可能来自被风吹来的相邻地区的空气。按照《圣经》里的说法，那场大洪水一下子淹没了整个地球的表面，因此不存在地区之间水汽流动的情况。

船的底面积：135×22.5=3 040 平方米（这里取近似整数）

由此可以得出，诺亚方舟三层总的"居住面积"为：3 040×3=9 120 平方米。

这样的面积是否可以容纳下哪怕是地球上的所有种类的哺乳动物呢？地面上大约栖息着 3 500 种哺乳动物。诺亚不仅要为船上的人和动物分配空间，还有找出存放粮食的位置，这些食物需维持他们在有洪水的 150 个昼夜里的生活。此外，肉食类动物不仅自己本身占用空间，它们所需要用来充饥的动物和这些动物的饲料也占用位置。所以方舟上一对获救动物所占的平均面积仅为：

9 120:3 500=2.6 平方米

很明显，这样的"居住标准"过低，更何况诺亚的大家庭还要占据一定的面积，装动物的笼子和笼子之间也需要留出过道。

除了哺乳动物，诺亚还需要为地面上的其他动物提供位置。虽然这些动物的体型不像哺乳类动物的那么大，但是它们的种类却更加繁多。下面是它们大概的种类数量：

鸟类 ⋯⋯⋯⋯⋯⋯⋯⋯⋯ 13 000 种

爬行动物 ⋯⋯⋯⋯⋯⋯⋯ 3 500 种

两栖动物 ⋯⋯⋯⋯⋯⋯⋯ 1 400 种

节肢动物 ⋯⋯⋯⋯⋯⋯⋯ 16 000 种

昆虫 ⋯⋯⋯⋯⋯⋯⋯⋯ 360 000 种

只带哺乳动物的情况下，诺亚方舟上的位置已经很拥挤了，更不要说带上所有种类的动物了。为了装下地面上所有种类的动物，需要建造比诺亚方舟大更多倍的船。其实，根据《圣经》给出的尺寸，诺亚方舟本身已经是一艘很大的船了。用现代水手的说法，诺亚方舟的"排水量"达到了 20 000 吨。在造船技术刚起步的遥远年代，关于人们建造出那样一艘大船的说法非常不符合实际。即便造出了这样一艘船，它也会因为体积不够大而无法完成《圣经》故事的使命。要知道容纳下地面上所有种类动物的船只得像整个动物园一样大，而且还要为可供所有动物食用 5 个月的饲料提供位置！

总而言之，《圣经》中关于大洪水的传说经不起简单的数学知识的推敲，从数学的角度很难在这个故事里找到符合实际的部分。也许，这个故事里的洪水原型只是发生在某个地区的水灾，而故事里的其他内容则来源于东方人丰富的想象力。

第十二章

三十个不同的题目

　　我希望，本书可以对读者产生重要的启发，希望它不仅可以吸引读者，还可以让读者收获颇丰，帮助读者进一步开发他们的聪明才智，在生活中运用所学的知识等。也许，读者现在就想大显身手，想用练习题检验自己的能力，这也正是设置本章节设置 30 个题目的目所在。

1. 链条

　　锻工师傅收到 5 段链条，每段由 3 个环组成，要求把 5 段链条连成一条完整的铁链。在开始操作前，锻工师傅先思考了完成这项工作共需要打开并重新合上几个环。最后他算出来需要打开并关闭 4 个环就可以来连成一条链条。

　　是否能在打开更少的环的情况下仍能完成这项工作呢？

2. 蜘蛛和甲虫

　　少先队员收集了一盒蜘蛛和甲虫，两种昆虫加起来一共 8 只。已知盒子里一共 54 条腿儿。

　　请问盒中的蜘蛛和甲虫分别是多少只？

3. 雨衣、帽子和胶鞋

　　有人一共用 140 卢布买了雨衣、帽子和胶鞋三件商品。其中雨衣比帽子贵

90 卢布，雨衣和帽子的价格加起来比胶鞋的价格多 120 卢布。这三样商品分别价值多少钱？不要列方程式，用口算进行解答。

4. 鸡蛋和鸭蛋

图 12-1 中有的篮子里盛放着鸡蛋，有的篮子里盛放着鸭蛋。每个篮子里蛋的数量已经在图中标出。售货员心想："如果我卖掉这一篮儿，那么剩下的鸡蛋数量就是鸭蛋数量的整整两倍"。售货员说的是哪一个篮子？

图 12-1　售货员说的是哪一个篮子？

5. 飞行

飞机从 A 城市飞到 B 城市共需要 1 小时 20 分钟。然而返程时却花了 80 分钟。应该怎样解释该情况呢？

6. 现金礼物

两位父亲想赠予自己的儿子现金。其中一位父亲给儿子 150 卢布，另外一位给儿子 100 卢布。然而两个儿子的资金加起来仅增加了 150 卢布，这是为什么呢？

7. 两颗棋子

在空棋盘上摆两颗不同的棋子，一共有多少种不同的摆法？

8. 两个数字

您可以用两个数字写成的最小的正整数是多少？

9. 1

用 0~9 这 10 个数字表示出 1。

10. 5 个数字 9

用 5 个数字 9 表示出 10。至少写出两种方法。

11. 10 个数字

用 0~9 这 10 个数字表示出 100，您可以想出多少方法？至少存在四种不同的方法哦。

12. 四种方法

用 5 个相同的数字以四种不同的方法表示出 100。

13. 四个 1

用四个 1 可以写出的最大的数字是多少?

14. 神秘的除法

在下列的除法式子里除了四个数字 4,其余的数字都被星星代替了。请写出被替换掉的数字。

```
  ******4|***
 _***    |*4**
   **4*
 _****
   ****
 _ *4*
   ****
 _ ****
   ―――
```

这道题目有多种不同的解法哦。

15. 另外一道除法题

下列除法式子中除了七个数字 7,其余的数字也都被星星代替了。请写出被替换掉的数字。

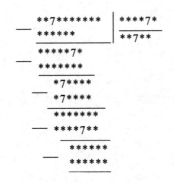

16. 将会得到什么?

思考一下，将面积为 1 平方米的正方形分割为面积为 1 平方毫米的小正方形，把所有这些小正方形排成一行后，得到的长度是多少呢?

17. 类似的题目

思考一下，将体积为 1 立方米的立方体切割成体积为 1 立方毫米的小方块，把所有这些小方块排成一摞，得到的高度是多少呢?

18. 飞机

一架宽为 12 米的飞机在向下飞的过程中被拍摄到，此时飞机刚好处于照相机的正上方。相机的焦距长度是 12 厘米，照片上飞机的宽度等于 8 毫米。被拍摄时飞机飞行的高度是多少?

19. 一百万件产品

一件产品重 89.4 克。思考一下，100 万件这样的产品重多少吨?

20. 路线的数量

图 12-2 是一个被道路分割成数个正方块的林场。虚线表示的是从 A 点到 B 点的路线。当然，这并不是连接两点的唯一一条路线。那您可以找出几条具有相同长度的路线呢？

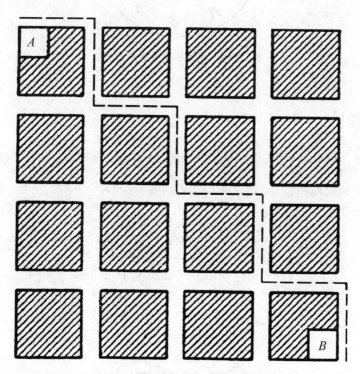

图 12-2 林场被道路分割成正方块

21. 钟表盘

把钟表盘（图 12-3）分为 6 部分，且每个部分内的数字之和相等。这道题目不仅考验您的机智程度，更考验思维的敏捷性。

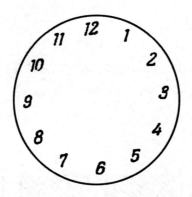

图 12-3　把钟表盘分成 6 部分

22. 八角星

　　把 1~16 这 16 个数字填入到图 4 中的八角星里，使得正方形每条边上的数字之和，以及每一个正方形顶点上的数字和都是 34。

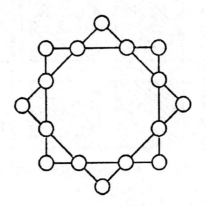

图 12-4　八角星

23. 数字圆盘

　　把 1~9 这 9 个数字填入图 12-5 中的圆圈里，使得每条直线上的数字之和都等于 15，且每个数字只填一次。

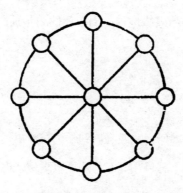

图 12-5 数字圆盘

24. 三条腿的桌子

有人认为，三条腿的桌子不易摇晃，即使在三条腿不一样长的情况下也具有稳定性。这个观点正确吗？

25. 什么角？

图 12-6 中的指针构成的角是什么角？请在不使用量角器的情况下思考回答。

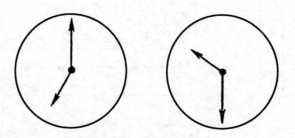

图 12-6 指针形成的夹角是多少度？

26. 沿着赤道

如果我们可以沿着赤道绕地球一周，我们的头顶比脚移动的路线会更长。这个长度差是多少？

27. 排成六排

您大概听说过关于如何把九匹马放到十个马圈里，且每个马圈里都有一匹马的故事，接下来的这个题目和九匹马的故事类似，但是却可以找到切实可行的解决方案。这道题目是这样的：如何把 24 个人排成 6 排，并且保证每排都有 5 个人？

28. 如何划分？

大家都知道如何把一个图形（长方形去掉 $\frac{1}{4}$ 部分之后得到的图形）划分成均等的 4 部分。请试着把图 12-7 中的图形划分为均等的 3 部分。是否有可行的解答方法呢？

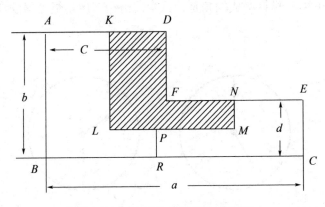

图 12-7　如果划分成均等的 3 部分？

29. 十字架和半月

图 12-8 左侧是一个由两条圆弧组成的半月图形（严格来说，这并不是半月，而是月牙，因为半月是半圆的形状），现在需要在右侧的十字架图形上做出标记，使得到的图形面积和半月的面积相同。

图 12-8 如何把半月"变成"十字架?

30. 别涅季克托夫的题目

很多俄罗斯文学的爱好者都认为，诗人弗拉基米尔·格里高利耶维奇·别涅季克托夫是第一本用俄语编写的数学趣题集的作者。这本题集并没有得以出版，只是以手稿的方式被保存下来，直到 1924 年才被人们发现。我有幸见到了这本手稿，并根据其中的一个题目推断出这本题集的创作时间是 1869 年（手稿上并未标注时间）。下面的这道题目就出自别涅季克托夫的趣题集，是诗人以小故事的形式呈现出来的。题目的标题是《怪题巧解》。

"有一个卖鸡蛋的老妇人，派自己的三个女儿去市场卖 90 个鸡蛋。她给了最机灵的大女儿 10 个鸡蛋，二女儿 30 个鸡蛋，小女儿 50 个鸡蛋。出发前老妇人对三个女儿说：'在开始卖鸡蛋前你们要一起商量好价格，且坚持按照这个价格卖。我希望大女儿可以凭借自己的聪明才智，在遵守你们约好的价格的前提下，可以使自己的 10 个鸡蛋卖出的钱数和二妹妹 30 个鸡蛋卖出的钱数相同，并教会二妹妹用 30 个鸡蛋卖出和三妹妹 50 个鸡蛋相同的钱数。你们三个每人卖鸡蛋所得的收入应该是相同的。此外，我希望卖 10 个鸡蛋所得的钱数（整数）不少于 10 戈比，卖 90 个鸡蛋的钱数不少于 90 戈比，或者 30 个阿尔登。'"

这个故事就先讲到这里，以便让读者独立思考，三位姑娘如何才能完成母亲交代的任务。

1~30 题答案

1. 只打开 3 个环就可以做成一个完整的链条。为此需要把一段链条里的 3 个环都打开，然后把另外 4 段全连结起来就可以了。

2. 要解决这道题目，就需要复习自然学科里的知识：甲虫有 6 条腿，蜘蛛有 8 条腿。

知道这些信息后，可以假设盒子里的 8 只都是甲虫，那共有 6×8=48 条腿，比题目中给的条件少 6 条腿；现在用一只蜘蛛代替一只甲虫，那么盒子中腿的个数就增加了 2 条，因为蜘蛛有 8 条腿，而不是 6 条。

显然，我们进行 3 次这样的替换后，盒子里昆虫腿的数量就会增加到 54 条。这时，盒子里剩下 5 只甲虫，其余的都是蜘蛛。

因此，盒子里有 5 只甲虫和 3 只蜘蛛。

我们现在验算一下：5 只甲虫一共有 30 条腿，3 只蜘蛛一共有 24 条腿，30+24=54，符合题中所给的条件。

还可以用另外一种方法做这道题。可以假设盒子里的 8 只都是蜘蛛，那一共有 8×8=64 条腿，比已知条件多 10 条。用一只甲虫代替一只蜘蛛，盒子里腿的数量就减少了 2 条。做 5 次这样的替换后，盒子里腿的数量就会减少到

54 条。也就是说此时盒子里的 8 只蜘蛛仅剩下了 3 只，其余的都是甲虫。

3. 如果买的商品不是雨衣、帽子和胶鞋，而是只有两双胶鞋，那应付的金额就不是 140 卢布，而是比 140 卢布少，140 卢布减去应付金额的差就等于雨衣和帽子价格之和减去胶鞋价格的差，也就是 120 卢布。所以：两双胶鞋共花费了 140-120=20 卢布，那么每双胶鞋的价格就是 10 卢布。

那现在可以知道，雨衣和帽子的价格之和等于 140-10=130 卢布，且雨衣比帽子贵 90 卢布。可以这样思考：用两个帽子代替一个雨衣和一个帽子，那我们应付的金额就不是 130 卢布，而是 130 卢布减去 90 卢布后的金额。所以，两个帽子的价格之和等于 130-90=40 卢布，那么一顶帽子的价格就是 20 卢布。所以三件商品的价格分别是：胶鞋——10 卢布、帽子——20 卢布、雨衣——110 卢布。

4. 售货员说的是盛放着 29 个蛋的那个篮子。剩下的标有数字 23、12 和 5 的篮子里装的是鸡蛋，标有数字 14 和 6 的篮子里装的是鸭蛋。

我们检验一下。卖掉 29 个鸡蛋后剩下的鸡蛋的总数：23+12+5=40

鸭蛋的总数：14+6=20

正如题目要求，此时鸡蛋的总数是鸭蛋的两倍。

5. 这道题目其实没有什么可以解释的：飞机往返两个城市之间所用的时间是一样的，因为 80 分钟 =1 小时 20 分钟。

这道题对于粗心的读者来说可能是个陷阱，因为他们可能误以为 1 小时 20 分钟不等于 80 分钟。说来奇怪，掉入这个陷阱的读者不在少数，并且熟于计算的读者比有较少计算经验的读者更容易出错。这里误导读者的往往是我们熟悉的度量和货币的十进制进位系统。看到"1 小时 20 分钟"和"80 分钟"我们无意间就会把它们之间的差别想象成 1 卢布 20 戈比和 80 戈比之间的差别。

这道题目就是针对我们在数学解题中的错误心理而设计的。

6. 解决这道题目的关键是要考虑到，其中一个父亲是另外一个父亲的儿子。其实这里不是 4 个人，而是只有 3 个：祖父、父亲和孙子。祖父给自己的儿子 150 卢布，儿子又给孙子（自己的儿子）100 卢布，这样父亲的个人资金量只增加了 50 卢布。

7. 可以把第一颗棋子放在 64 格棋盘里的任意一格，即有 64 种摆法。放完第一颗棋子后，可以把第二颗棋子放在剩下的 63 个格子中的任意一格。所以两枚棋子在棋盘中的摆法共有：

$$64 \times 63 = 4\ 032\ \text{种}$$

8. 可能有些读者认为用两个数字可以写出来的最小的数是 10，其实不是，而是以下列这种形式表示出来的 1：$\dfrac{1}{1}$，$\dfrac{2}{2}$，$\dfrac{3}{3}$，$\dfrac{4}{4}$…$\dfrac{9}{9}$

学过代数的读者还可以这样表达：

$$1^0,\ 2^0,\ 3^0,\ 4^0…9^0,$$

因为任何数字的 0 次方都等于 $1^{[1]}$。

9. 可以把 1 理解成两个分数的和：$\dfrac{148}{296} + \dfrac{35}{70} = 1$。

学过代数的读者还可以给出其他答案：

123456789^0，234567^{9-8-1}，等等。因为 0 以外的任何数字的 0 次方都是等于 1。

10. 有以下两种方法：

$$9 + \frac{99}{99} = 10;$$

$$\frac{99}{9} - \frac{9}{9} = 10。$$

---

[1] $\dfrac{0}{0}$ 和 0^0 这两种没有意义的表达除外。

学过代数的读者还可以给出其他的解法，比如：

$$\left(9+\frac{9}{9}\right)^{\frac{9}{9}}=10;$$

$$9+99^{9-9}=10。$$

11. 以下是四种解法：

$$70+24\frac{9}{18}+5\frac{3}{6}=100;$$

$$80\frac{27}{54}+19\frac{3}{6}=100;$$

$$87+9\frac{4}{5}+3\frac{12}{60}=100;$$

$$50\frac{1}{2}+40\frac{38}{76}=100。$$

12. 可以用 5 个 1、5 个 3 或者 5 个 5 来表示 100：

$$111-11=100;$$

$$33\times3+\frac{3}{6}=100;$$

$$5\times5\times5-5\times5=100;$$

$$(5+5+5+5)\times5=100。$$

13. 对于这个题目人们给出的答案往往是 1 111。但是其实完全可以写出一个比 1 111 大很多倍的数字：11 的 11 次方，即 11^{11}。如果您耐心计算出最后的结果（采用对数运算更容易得出结果），那您就会相信，得出来的数字大于 2 800 亿。因此，它也大于 1 111 的 2.5 亿倍。

14. 符合题目条件的除法算式有以下四种情况：

$$1\ 337\ 174:943=1\ 418;$$

$$1\ 343\ 784:949=1\ 416;$$

$$1\,200\,474 : 846 = 1\,419 ;$$

$$1\,202\,464 : 848 = 1\,418 。$$

15. 符合题目条件的只有下列一个除法运算：

$$7\,375\,428\,413 : 125\,473 = 58\,781^{[1]}$$

以上这两道有难度的题目首次出现在美国的刊物上：1920 年的《数学报》和 1906 年的《学生世界》。

16. 面积为 1 平方米的正方形可以分割成 100 万个面积为 1 平方毫米的小正方形。每 1 000 个小正方形排列起来的长度是 1 米，所以 100 万个小正方形排列起来的长度就是 1 000 米，即 1 千米。

17. 这个答案可能有点出乎意料。把所有小立方块摆起来的高度是 1 000 千米。

我们通过口算就可以得出答案。体积为 1 立方米的立方体可以被切割成 1 000×1 000×1 000 个体积为 1 毫米的小立方体。每 1 000 个小立方体摆起来的高度就是 1 000 毫米，即 1 米，所以 1 000×1 000×1 000 个小立方体摆起来的高度就是 1 000×1 000 米，即 1 000 千米。

18. 通过图 12-9 我们可以看出，（由于角 1 和角 2 相等）飞机本身的长度比照片中的长度等于飞机和镜头之间的距离比焦距长度。我们用 x 表示飞机被拍摄时所在的高度，可以得出方程：

$$12\,000 : 8 = x : 0.12$$

从而得出 $x = 180$ 米。

---

[1] 后来人们又发现了三个符合题目条件的除法算式。

图 12-9

19. 此类型题目的解决方案如下。首先需要用 89.4 克乘以 100 万（1 千个 1 千），我们分两步乘：89.4×1000=89.4 千克（1 千克是 1 克的 1000 倍），然后 89.4 千克 ×1000=89.4 吨（1 吨是 1 千克的 1000 倍）。

这样，所求重量就是 89.4 吨。

20. 从 A 到 B 的路线一共有 70 条。（解答该题目时可以借助代数里学到的帕斯卡三角形规律）。

21. 因为表盘里所有数字相加后的和是 78，所以 $\frac{1}{6}$ 的表盘上的数字之和是 78:6=13。这样一来我们很容易找到如图 12-10 所示的答案。

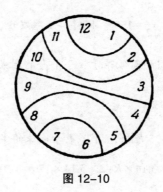

图 12-10

22~23. 答案分别如图 12-11 和图 12-12 所示。

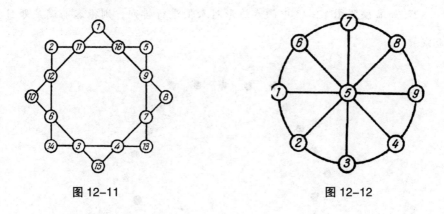

图 12-11 图 12-12

24. 三条腿的桌子的三个支点可以一直接触地面，因为空间中的任意三点都可以也只能构成一个平面，这就是三条腿的桌子不易摇晃的原因。正如大家所见，这不是物理问题，而是一个纯粹的几何问题。

这个原理也是测量仪和照相机的支架都采用三条腿的原因。四条腿的支架并不会比三条腿的更稳固一点，相反，还需要担心它会不会摇晃。

25. 如果考虑到指针指示的时间，那么这个题目就很容易解决。很明显，左边钟表里显示的时间是 7 点，这意味着两个指针之间的圆弧是 $\frac{5}{12}$ 个圆，所

以夹角的度数等于 $360° \times \dfrac{5}{12}$ =150°。同样，不难发现，右边钟表里显示的是 9 点 30 分，所以两个指针间的圆弧等于 $3\dfrac{1}{2}$ 个 $\dfrac{1}{12}$ 的圆或者 $\dfrac{7}{24}$ 个圆，指针间夹角的度数就是 $360° \times \dfrac{7}{24}$ =105°。

26. 假设人的身高是 175 厘米，用 R 表示地球的半径，那我们就可以得出：

$2 \times 3.14 \times (R+175) - 2 \times 3.14 \times R = 2 \times 3.14 \times 175 = 1\,100$ 厘米，即 11 米。这里令人惊讶的是，人的头顶和脚底的移动路程差与地球的半径没有任何关系，因此，无论是在巨大的太阳上还是相对渺小的地球上，最后结果都是一样的。

27. 如果按照图 12–13 中的六边形对人们进行排列，则很容易满足题目要求。

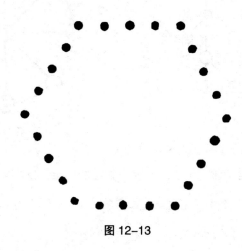

图 12–13

28. 这道题的有趣之处在于，它只有在 a、b、c、d、e 取特定的几个值时才是可解的。

事实上，我们希望图 12–7 中画斜线的部分和另外两个未打斜线的部分相等。LM 边很明显短于 BC 边，因此它应该等于 AB 边。但是，LM 同时还必须

等于 RC ；这样一来，$LM=RC=b$。由此可以得出，$BR=a-b$。又因为 BR 需要

等于 KL 和 CE，所以 $BR=KL=CE$，即 $a-b=d$，$KL=d$。

可以看到 a，b 和 d 并不能选取任意的值，d 边长应该等于 a 边长和 b 边

长的差。此外，还需要满足其他的条件。我们现在可以知道，a 边长大于其余

所有边长。

已知，$PR+KL=AB$ 或者 $PR+(a-b)=b$，即 $PR=2b-a$。找出画斜线部分和右

侧图形的对应边，我们可以得知 $PR=MN$，即 $PR=\dfrac{d}{2}$；由此得出 $\dfrac{d}{2}=2b-a$，再

结合 $a-b=d$ 可以得出：$b=\dfrac{3}{5}a$ 和 $d=\dfrac{2}{5}a$。通过比较画斜线部分和左边的图形，

我们可以得知：$AK=MN$，即 $AK=PR=\dfrac{d}{2}=\dfrac{1}{5}a$。由此可以得出 $KD=PR=\dfrac{1}{5}a$，

因此 $AD=\dfrac{2}{5}a$。

这样，我们就不能为图形的边长取任意值，这些边长需分别是边长 A 的

$\dfrac{3}{5}$，$\dfrac{2}{5}$ 和 $\dfrac{2}{5}$。只有符合这个条件该题目才可解。

29. 听说过无法解决的"化圆为方"[1] 问题的读者可能会认为，该题目从几

何角度来说也是无解的。很多人认为，既然无法把一个圆转换成具有相同面积

的正方形，那也不能把一个由两条圆弧组成的半月图形转变为有直角的图形。

其实，如果借助于著名的毕达哥拉斯定理(勾股定理)的一个有趣的结论，

这个题目完全是可以通过几何构图解决的。我说的这个结论是以直角三角形

的两条直角边所作的半圆的面积和等于以斜边为直径所作半圆的面积（图 12-

14）。把大的半圆沿着三角形的斜边折到另一侧(图 12-15)后，我们可以得知，

[1] 化圆为方的问题是求一正方形，使其面积等于一给定圆的面积。——译者注

两个画斜线的月牙面积的和等于三角形的面积[1]。如果这个三角形是等腰三角形，那么一个月牙的面积就等于三角形面积的一半（图 12-16）。

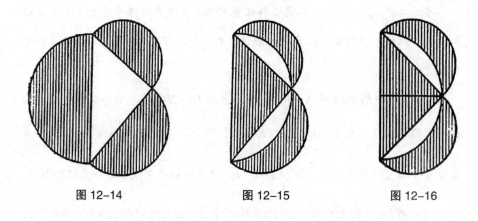

图 12-14   图 12-15   图 12-16

因此可以用几何的方法准确地构建一个等腰直角三角形，使它的面积等于月牙的面积。因为等腰直角三角形可以转化为具有相同面积的正方形（图 12-17），那我们也可以从几何角度用同等面积的正方形代替月牙。

图 12-17

现在只需要把正方形转换成同等面积的（由 5 个相同的小正方形拼成的）十字就可以了。完成这种构图的方法有几种，其中两种如图 12-18 和图 12-19 所示。这两种构图方式都是通过连接小正方形的顶点和对边的中点来实现的。

---

[1] 这个论点在几何学中被称为"希波克拉底月牙定理"。

需要指出的是，只有题目中所给的这种月牙才可以转化为面积相等的十字图形。这种月牙特点是由两条圆弧组成，外侧的圆弧和内侧圆弧的 $\frac{1}{4}$ 都大于对应圆的半径[1]。

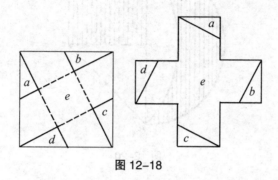

图 12-18

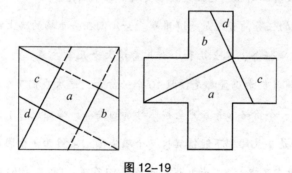

图 12-19

以下就是构建和月牙面积相等的十字架的过程，用直线连接月牙的 A 点和 B 点（图 12-20）；在 AB 的中点 O 处作垂线，使 OC=OA。把等腰三角形 OAC 补全为正方形 OADC，然后通过图 12-18 和图 12-19 中的任意一种方法

[1] 我们看到的天上的月牙其实有几种不同的形状：它的外侧的圆弧其实是半圆形，内侧的圆弧是半椭圆形。艺术家们画的月牙往往都是由圆弧组成的，其实并不正确。

把正方形转化为十字架图形。

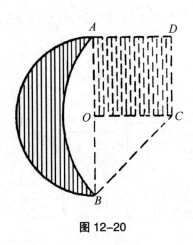

图 12-20

30. 我们接着讲别涅季克托夫关于卖鸡蛋的小故事。

母亲交代的任务简直就是一道难题。女儿们在去市场的路上就开始商量如何才能完成这项任务，二女儿和小女儿都请大女儿拿主意。大女儿思考后说："妹妹们，以前我们卖鸡蛋都是按照 10 个一份卖，这次我们 7 个一份买。每 7 个鸡蛋我们定一个价格，并且完全按照母亲的要求。咱们说好了，就按定好的价格来，哪怕是 1 戈比都不能便宜！ 7 个鸡蛋咱们定价为 1 个阿尔登[1]，怎么样？""有点便宜了吧？"二女儿说。大女儿回答道："但是我们可以提高剩下鸡蛋的价格呀。我提前查看了一下，市场上除了我们，就没有其他卖鸡蛋的商贩了。没有人可以压低我们的价格。我们 7 个一份卖，剩下的即将售罄的鸡蛋自然可以提高价格。这样就可以弥补之前低价售出的不足。"

"那按照什么价格卖剩下的鸡蛋呢？"三妹妹问道。

"每个鸡蛋 9 戈比，对，就这样，只卖给很需要鸡蛋的顾客。"

----

[1] 阿尔登是 3 戈比的旧称，古代的货币单位里还有 5 阿尔登，即 15 戈比。

"有点贵了吧?"二妹妹说。

"这有什么呢,我们前面卖得很便宜。只有这样才能把卖的钱数补上来。"

两个妹妹都同意了姐姐的主意。

她们来到了市场,姐妹三人各找了地方卖鸡蛋。因为价格便宜,大家都来抢购,成份的鸡蛋很快就售罄了。三女儿一共卖了 7 份鸡蛋,共收入 7 个阿尔登,也就是 21 戈比,篮子里还剩下一个鸡蛋。有 30 个鸡蛋的二女儿卖了 4 份后收入 4 个阿尔登,也就是 12 戈比,篮子里还剩下 2 个鸡蛋;大女儿的 10 个鸡蛋卖掉 1 份后收入 1 个阿尔登,即 3 戈比,还剩 3 个鸡蛋。

这时一位被家里女主人派来的厨娘出现在了市场上,她无论如何要买到 10 个鸡蛋。因为女主人的儿子回来探亲,这个儿子特别喜欢吃鸡蛋。厨娘在市场上跑来跑去,发现鸡蛋都售罄了,市场上只有三个商贩一共剩下 6 个鸡蛋:其中一人只有 1 个鸡蛋,另外一人有 2 个鸡蛋,第三个人有 3 个鸡蛋。厨娘决定在她们那里买了。

当然,厨娘先来到了有 3 个鸡蛋的大女儿那里,问 3 个鸡蛋总共卖多少钱。大女儿回答:"一个鸡蛋 3 阿尔登。""什么?你疯了!"厨娘说。大女儿回答说:"爱买不买,反正不会降价的,就剩这些鸡蛋了。"

厨娘接着跑到有 2 个鸡蛋的二女儿那里问:"鸡蛋怎么卖的?"

"一个鸡蛋 3 阿尔登。这是定好的价格,马上卖完了。"

厨娘又问三女儿:"你的鸡蛋怎么卖的?"

三女儿回答说:"3 阿尔登。"

没有办法,厨娘只好以前所未闻的高价买下了这些鸡蛋:"请把所有的鸡蛋都给我吧。"

厨娘用 9 阿尔登买了大女儿的 3 个鸡蛋,所以大女儿共得到了 10 阿尔登;

二女儿两个鸡蛋卖了 6 阿尔登，加上之前卖得的 4 阿尔登，她共收获了 10 阿尔登；三女儿最后一个鸡蛋卖了 3 阿尔登，连同前面卖得的 7 阿尔登，也是获得了 10 阿尔登。

三个女儿回到家后，每人给了母亲 10 阿尔登，并告诉母亲，她们在遵守有关价格的条件下，是如何用三份不同数量的鸡蛋获得同样收入的。

母亲对于女儿们能够出色完成她交代的任务以及大女儿表现出来的聪明才智都感到很满意，她更高兴的是，三个女儿的总收入 30 阿尔登，或者 90 戈比，完全符合她的心愿。

图书在版编目（CIP）数据

给孩子看的趣味数学 /（俄罗斯）雅科夫·伊西达洛维奇·别莱利曼著；李园莉，赵会芳译著 . —北京：中国华侨出版社，2019.12

ISBN 978-7-5113-7949-8

Ⅰ.①给…　Ⅱ.①雅…　②李…　③赵…　Ⅲ.①数学—儿童读物　Ⅳ.① O1-49

中国版本图书馆 CIP 数据核字 (2019) 第 283317 号

给孩子看的趣味数学

著　　者 /（俄罗斯）雅科夫·伊西达洛维奇·别莱利曼

译　　著 / 李园莉　赵会芳

责任编辑 / 黄　威

策　　划 / 周耿茜

责任校对 / 王京燕

封面设计 / 胡椒设计

经　　销 / 新华书店

开　　本 / 710 毫米×1000 毫米　1/16　印张 /14　字数 /175 千字

印　　刷 / 北京旺都印务有限公司

版　　次 / 2020 年 8 月第 1 版　2020 年 8 月第 1 次印刷

书　　号 / ISBN 978-7-5113-7949-8

定　　价 / 45.00 元

中国华侨出版社　北京市朝阳区西坝河东里 77 号楼底商 5 号　邮编：100028

法律顾问：陈鹰律师事务所

编辑部：(010) 64443056　64443979

发行部：(010) 64443051　传真：(010) 64439708

网　　址：www.oveaschin.com

E-mail：oveaschin@sina.com